U0092650

序

鄉居無俚。意味索然。日者興至。就經驗所得。攟摭烹調法若干節。爰做李子之例。輯爲家庭食譜續編。狗尾垂貂。知所不免。假令李子見之。得毋笑余效顰乎。今將付之手民。以供剞劂。聊誌數語於簡端。以備海內主持中饋者之借鏡云爾。

民國十二年植樹節倘湖獻父識於虞南澹廬中

編輯大意

（一）本書爲食譜續編係與前編相銜接閱者宜參看

（一）本書體例一仍其舊以示統系而醒眉目

（一）本書內容較前略有增損惟以家庭日用者爲限否則甯缺無濫

（一）本書雖爲著者實習心得然書成錯愕遺誤良多深望海內狄牙有以指正之

家庭食譜續編

目錄、

第一章　點心

第一節　蛋麪衣

第二節　菜心火肉飯

第三節　蛋炒飯

第四節　羅漢粥

第五節　煮藕

第六節　藕粥

第七節　蓮心百菓粥

第八節　炒糕

第九節　赤豆糕

第十節　鹹糕

第十一節　蛋糕

第十二節　棗糕

第十三節　杏仁餅

第十四節　葱猪油油酥餅

第十五節　香蕉餅

第十六節　茄餅

第十七節　荸薺餅—藕餅

第十八節　百菓糰

第十九節　油煎湯糰

第二十節　肉心糰

第二十一節　山芋片—藕片
第二十二節　茨菇片
第二十三節　玉蘭片—蓮花片
第二十四節　餅乾
第二十五節　梨膏
第二十六節　油炸蘋菓
第二十七節　藕粉
第二十八節　百合粉
第二十九節　涼粉
第三十節　炒米粉

第二章　葷菜

第一節　神仙燒鷄—燒鴨—燒肉
第二節　炒鷄片—炒肉片
第三節　五香鷄—肉—牛肉—羊肉—鴨
第四節　芥辣鷄
第五節　酒燜鴨—酒燜鷄
第六節　乾菜鴨
第七節　焦鹽肉
第八節　五香肉鬆—魚鬆—鷄鬆
第九節　清燉干貝田鷄
第十節　鯽魚塞肉
第十一節　炒鱔和
第十二節　韮芽炒肉絲
第十三節　辣茄炒肉絲
第十四節　麵敷鰲
第十五節　炒螄螺頭肉
第十六節　炒肝油

第十七節　燒湯卷
第十八節　燒刀魚
第十九節　醃熝鮮
第二十節　炒假蟹粉
第二十一節　炒海參
第二十二節　炒蹄筋
第二十三節　熝肺
第二十四節　紅燒肥腸
第二十五節　爛和肉絲
第二十六節　燒牛肉
第二十七節　燒羊肉
第二十八節　燒炊糟
第二十九節　清燉甲魚
第三十節　豬油嵌蟹
第三十一節　腐衣包肉
第三十二節　肉燉蛋
第三十三節　糸炙骨

第三章　素菜

第一節　菠菜荳腐湯
第二節　毛荳子湯
第三節　滾冰荳腐
第四節　醃黃瓜
第五節　醃蓬蒿
第六節　醃茭白
第七節　醃粉皮
第八節　炒芹菜

第九節 炒茄子
第十節 炒冬菇
第十一節 炒麻腐
第十二節 炒腐鬆
第十三節 炒腐丸
第十四節 炒荳瓣
第十五節 炒素鷄
第十六節 萊菔鬆
第十七節 燒冬瓜
第十八節 乳腐露燉荳腐
第十九節 辣油
第二十節 笋油
第二十一節 小磨蔴油
第四章 鹽貨
第一節 鹽醉蟹
第二節 鹽皮蛋
第三節 鹽風鷄
第四節 鹽蝦米
第五節 鹽菜心
第六節 鹽芥菜
第七節 鹽芥菜心
第八節 鹽芥菜根
第九節 鹽白菜
第十節 鹽五香菜
第十一節 鹽酸菜
第十二節 鹽生薑

第十三節　鹽筍干
第十四節　鹽醋大蒜頭
第十五節　鹽醉蘿蔔
第十六節　鹽茄子
第十七節　鹽醉雞
第十八節　鹽田螺
第十九節　鹽蓑衣蘿蔔

第五章　糟貨

第一節　糟蟹
第二節　糟白菜
第三節　糟雪裏蕻
第四節　糟大頭菜
第五節　糟香菜
第六節　糟蘿蔔
第七節　糟茄子
第八節　糟薑
第九節　糟筍
第十節　糟大蒜頭
第十一節　糟韭菜
第十二節　糟蝦
第十三節　糟黃瓜
第十四節　糟豆腐干
第十五節　糟苣筍

第六章　醬貨

第一節　醬黃瓜
第二節　醬蟹
第三節　醬蝦
第四節　醬菌
第五節　桃子醬
第六節　花紅醬
第七節　枇杷醬
第八節　雙醬(一)
第九節　雙醬(二)
節十節　鹽桂花醬
第十一節　山楂醬
第十二節　梅子醬
第十三節　楊梅醬
第十四節　李子醬
第十五節　杏子醬
第十六節　蘋菓醬
第十七節　荳豉醬
第十八節　醬肉—醬鷄—鷄鴨

第七章　燻貨

第一節　燻牛肉片
第二節　燻牛肉圓
第三節　燻牛肉酥
第四節　燻紅燒牛肉
第五節　燻鴿
第六節　燻兔
第七節　燻羊肉
第八節　燻腦

第九節　燻腰　　第十節　燻蹄
第十一節　燻肉餃　　第十二節　燻蝦
第十三節　燻旁鮍魚　　第十四節　燻鯽魚
第十五節　燻塘裏魚　　第十六節　燻腐衣包牛肉
第十七節　燻筍

第八章　糖貨

第一節　扇子糖　　第二節　糖桃球
第三節　糖山楂　　第四節　糖梨
第五節　橘紅糕　　第六節　棗泥糕
第七節　蜜橘糕　　第八節　蜜橙餅
第九節　杏仁糖　　第十節　柿餅
第十一節　蜜葡萄　　節十二節　香蕉糖
第十三節　蜜木瓜　　第十四節　糖蜜橘

家庭食譜續編

第十五節 蜜棗
第十六節 糖蓮子
第十七節 蜜冬瓜
第十八節 洋薄荷糖
第十九節 桂圓糖
第二十節 砂糖
第二十一節 洋白糖
第二十二節 文冰
第二十三節 凈糖
第二十四節 蜜糖

第九章 酒

第一節 豉酒
第二節 柏酒
第三節 艾酒
第四節 雄黃酒
第五節 酒釀
第六節 高粱燒
第七節 白玫瑰
第八節 紅玫瑰
第九節 金銀花酒
第十節 野薔薇酒
第十一節 玉蘭花酒
第十二節 木瓜酒
第十三節 酸醋

第十章 菓

第一節 炒小花生
第二節 糖荳瓣

第三節　炒黃荳
第四節　爆蠶荳
第五節　鹽酥荳
第六節　毛荳乾
第七節　氽桃球
第八節　燉烏棗
第九節　桃乾
第十節　杏乾
第十一節　甜柿
第十二節　燒筍荳
第十三節　敲扁荳
第十四節　炒桃仁
第十五節　燒茄荳

家庭食譜續編目錄終

家庭食譜續編

第一章　點心

第一節　蛋麵衣

材料

鷄蛋五個。乾麵一杯。豬油一塊。葷油二兩。干貝半兩。酒少許。葱五枝。醬油一兩。

器具

平底鑊一只。爐一只。鏟刀一把。筷一雙。盆碗各數只。

製法

將蛋破殼打和。下以葱屑陳酒醬油豬油（豬油須切成小塊）及干貝等絲。（干貝預先用酒放好上鍋蒸熟務使柔輭）再下乾麵。拌成漿糊。然後用葷油燒熱油鑊。將漿糊悉數傾入。以鏟攤之。使成薄餅。越時翻轉再煎。兩面均黃。卽可鏟起。食之鬆脆肥美。

第二節　菜心火肉飯

材料
白粳米一升。　葷油四兩。　火腿屑四兩。　大菜心半斤。　鹽八錢。

器具
鍋一只。　罐一只。　刀一把。　筷一雙。　碗若干。

製法
將米淘淨。入鍋下水燒之。（水之分量與燒普通飯同）同時下以切細之大菜心屑。燒甫一透。啟蓋再下葷油鹽及火腿屑等。用筷拌和。閉蓋燜之。再投二三草火。經十分鐘後。便可食矣。食之鮮美異常。

第三節　蛋炒飯

材料

飯一盆。　鷄蛋二個。　火腿屑半小杯。　火腿片三片。　葱三枝。　酒少許。　醬油少許。　葷油半兩。

器具

鍋一只。　鏟一把。　盆一只。　匙一把。　爐一只。　筷一雙。

製法

將蛋破殼。同葱醬油酒等。用筷調之極和。然後燒熱火爐。下以葷油。待至極熱。以蛋倒下。用鏟炒之。勿使凝結爲塊。一面急將米飯倒入。力篩其鏟。使蛋粒粒包飯爲佳。此時再下火腿屑炒之。若喜食油者。再下葷油少許卽就。鏟起時更鋪以火肉數片。以壯觀瞻。

注意

炒蛋時手足不靈。必成爲塊。卽能篩得四散。若下飯時過遲。亦必蛋飯二起。不成其為蛋炒飯矣。此從事者不可以輕忽視之。

第四節 羅漢粥

材料

白粳米一升。 蝦米三兩。 火腿屑三兩。 鷄絲三兩。 干貝三兩。
遍尖屑三兩。 鹽八錢。 淡鷄湯一磁缽。 酒少許。 葷油四兩。

器具

大砂鍋一只。 碗若干。 爐一只。 筷一雙。

製法

將干貝蝦米預先用酒放好。干貝拆細。蝦米去頭及尾。將已燒熟之火腿鷄肉。同已撕成絲之遍尖。均切成細屑。混在一起候用。然後以淘清之白米。入鍋和淡鷄湯燒之。米佔五分之二。湯佔五分之三。燒之一透。卽將葷油及干貝火腿等屑悉數傾入。用筷攪和。再燒一透。文火燜之。

觀其少爛。嘗味下鹽。再燜卽就。食之頗饒風味。

第五節　煮藕

材料　藕五斤。　糯米半升。　白糖四兩。　桂花少許。

器具　鍋一只。　爐一只。　刀一把。　竹簽數根。　筷一雙。　籮一只。　盆一只。

製法　將藕洗淨。用刀各節分斷。（藕節不可切去不然糯米卽須漏出）再將每斷三分之二處。以刀斜切兩斷。然後用筷將淘淨之糯米。由眼塞之。務使各眼盡滿。仍將斜切兩斷之藕。合幷爲一。用竹簽簽住。入鍋和水。用文火燒之。待爛卽熟。食時蘸以白糖桂花。亦甚出色。

第六節　藕粥

材料　藕五斤。　糯米一升。　白糖半斤。　桂花少許。

器具　砂鍋一只。　爐一只。　銅鉋一只。　缽一只。　籮一只。　手巾一塊。

製法　將藕洗淨去節。切成小斷。用手在銅鉋上刮之。（銅鉋預先放在缽上）使漿渣一并流入缽內。然後以手巾榨取其汁。即將淘淨之糯米。和適當之水。一同入鍋煮之。待透。下以白糖。再燒再燜。至爛爲度。起鍋食時另加桂花。味更香美。

第七節　蓮心百果粥

材料

白糯米半升。　蓮心。　芡實。　白菓。　蜜棗。　桂圓肉。　對丁各數兩。

白糖半斤。　桂花一兩。

器具

砂鍋一只。　爐一只。　籮一只。　碗若干只。　鏟一把。

製法

將蓮心放好。去皮及心。芡實白菓亦剝去其衣。蜜棗去核。桂圓同切爲絲。然後將籮淘淸之糯米。倒入砂鍋。和以淡水。芡實蓮心白菓三種同時倒入。燒之一透。再將蜜棗對丁桂圓肉白菓白糖等一同和入。用鏟攪勻。以文火燜之。至膩卽就。起鍋外加桂花。食之尤美。

第八節　炒糕

材料

白糖糯米糕一塊。　白糖四兩。　葷油二兩。　桂花少許。

器具

鍋一只。爐一只。鏟一把。刀一把。盆一只。筷若干雙。

製法

將白糖糯米糕。用刀切成半寸見方之小塊。入燒熱之葷油鍋中不停手以鏟炒之。（須用文火）觀其四面將黃。下以白糖。再炒再攪。糖已融化。盛諸盆中。食時再下白糖桂花少許。風味更佳。

第九節　赤豆糕

材料

赤豆一升。赤砂糖一斤。乾麵升半。桂花少許。

器具

鍋一只。爐一只。筷一雙。缽一只。

製法

將赤豆入鍋。和水及糖。用火燒之。待豆極爛。下以桂花乾麵。以筷力攪。不可稍息。觀其十分稠厚。便可盛入缽中。俟冷切片食之。或以手捏成各種餅樣。亦無不可。從事者可隨意行之。

第十節　鹹糕

材料

粳米粉三升。　蘿蔔三個。　板油半斤。　干貝東尾香菰火腿屑各一兩。　葷油四兩。

器具

鍋一只。　爐一只。　甑一只。　缽一只。　刀一把。　銅鉋一只。

製法

將蘿蔔去皮。在銅鉋上刮之成絲。瀝去其汁。用少許葷油炒之。再將板油切成小塊。以鹽淆好。然後同蘿蔔和以清水等。一齊拌入粉內。使成稠濃漿糊。上甑蒸之。待透。將火腿香菰束尾干貝等屑滲於糕面。按之使牢。及熟取出。臨食時用刀切成薄片。再入葷油鍋中煎之。其味爲點心中之別開生面之品。

第十一節　蛋糕

材料

雞蛋十個。　白糖四兩。　牛乳一杯。　桂花少許。　藕粉一杯。

器具

平底磁鉢一只。　筷一雙。　刀一把。　大碗一只。

製法

將雞蛋破殼。同牛乳藕粉用筷在大碗內打之極和。加入白糖。再打幾許。傾入平底磁鉢。上鍋隔水蒸之。半透洒以桂花。待熟取出。用刀切片。食之其味頗佳。

第十二節　棗糕

材料　糯米粉二升。烏棗二斤。豬油四兩。白糖十兩。桂花五錢。

器具　小甑一只。磁鉢一只。木槌一個。

製法　將烏棗先在甑上蒸透。取出去皮及核。入磁鉢內。同白糖以槌攪之。極和爲度。然後以粉傾入。用手拌好。上甑蒸之。甫透。啟蓋以糖淆好之豬油小塊。及桂花平鋪糕面。按之使牢。再蓋面燒。霎時卽就。食之甚爲滋補。

第十三節　杏仁餅

材料

胡桃仁二兩。松子仁二兩。甜杏仁二兩。糯米粉一升。葷油一碗。雞蛋十個。

器具

炭爐一只。鉢一只。碗一只。刀一把。筷一雙。鐵絲殿一個。

製法

將胡桃松子仁。先切成細塊。同葷油拌入粉鉢。再將雞蛋。分黃白用筷打和。先入蛋黃拌之均勻。再入蛋白。使成極稠厚之漿糊。用手做成餅形。上嵌杏仁數粒。擺在鐵絲殿上。以炭火烘之。翻覆待熟。遍作黃色。香脆絕倫。

第十四節　葱猪油油酥餅

材料

乾麵一升。葷油一斤。板油一斤。葱二十枝。鹽一兩。白芝蔴三合。蜜糖少許。

器具 炭爐一只。盤一只。趕槌一個。鐵絲烘殿一個。

製法 將乾麵四六二份分開之。以四分者用七油三水拌之。六分者以三油七水拌之。均須輭轉爲佳。拌就將二種漿麵摘成相等塊數。然後以六油者包三分油如糰然。用手遍之。以槌趕薄。則長如掌。乘手捲轉又如竹管。再趕再捲。柱直傾遍。卽將板油切小之塊。以鹽淆好者。和葱屑包作糰心。用槌使遍。乃成薄餅。然後微塗蜜糖。遍粘芝蔴。入烘殿向炭火烘之。待黃卽就。食之鬆香而肥美。誠點心中之特具風味者也。

第十五節 香蕉餅

材料

香蕉二十只。白糖六兩。乾麵八合。雞蛋五個。桂花一匙。豬油四兩。

器具

鍋一只。爐一只。缽一只。筷一雙。刀一把。盆碗各數只。

製法

將香蕉去皮及心。（以免酸氣）用手揑爛。雞蛋破殼。用筷打和。與白糖桂花同拌乾麵。倘水不够。可添清水。使成極厚漿糊。拌就傾入模型。令就各種餅式。然後入鍋。用豬油煎之。兩面皆黃。便可以食。其味極爲甘美。

第十六節　茄餅

材料

茄子二十只。乾麵一升。雞蛋五個。醬油三兩。青葱三枝。葷油四兩。　陳酒少許。　姜汁少許。

器具　鍋一只。　爐一只。　鉢一只。　刀一把。　鏟刀一把。　匙一把。　筷一雙。

製法　將茄子去皮及子。用刀切成細絲。以手力擦。使水盡出。然後卽將此水拌入乾麵。一面又將蛋。醬油、葱酒、及姜汁等。用筷打和。亦拌入麵。使成漿糊。倘水不够。儘可另添白水。拌就。燒熱油鍋。下以葷油。（葷油約三匙每煎一餅）用匙將漿糊倒入二匙。一面煎黃。翻轉再煎。煎就乘熱食之。其味與茄絲餅。有霄壤之別。

第十七節　葧薺餅

材料

大荸薺五斤。　乾麵八合。　雞蛋三個。　白糖四兩。　薄荷汁半杯。桂花少許。　葷油六兩。

器具

鍋一只。　鉢一只。　銅鉋一只。　鏟刀一把。　筷一雙。　盆碗各數只。

製法

將銅鉋放在鉢上。以洗淨荸薺上鉋刮之。使其渣漿流入鉢內。然後用手榨取其汁。與已經打和之雞蛋（黃白不須分開）及白糖桂花等。拌入乾麵。令成極厚漿糊。再入模型。俾成各式之餅。然後燒熱油鍋。以餅在葷油內煎之。兩面均黃。即可以食。頗爲適口。

注意

用藕同一手續。做成之餅。即爲藕餅。

第十八節　百果糰

材料

胡桃仁一兩。　松子仁一兩。　交子仁半兩。　玫瑰醬二兩。　糖渞豬油二兩。　白糖二兩。　糯米粉一升。　松花粉一兩。

器具

鍋一只。　爐一只。　甑一只。　刀一把。　缽一只。　盆一只。　筷數雙。

製法

將各種菓仁。用刀切成細屑。以白糖豬油玫瑰醬等拌和。以作糰心。再將糯米粉拌水成膏。以手揑成糰殼。即將百菓心包之成糰。上甑蒸之（糰之大小與湯糰相等）待熟取出。遍敷以松花粉屑食之另有風味。

第十九節　油煎湯糰

材料

糯米四升。 糯米粉三合。 腿花肉一斤。 菜油半斤。 陳酒二兩。
葱姜各少許。 醬油一兩。

器具

油鍋一只。 湯鍋一只。 刀一把。 鏟刀一把。 匙一把。 碗若干。
小磨一具。

製法

將糯米先浸一夜。瀝起。淘清。吹之少乾。上磨牽之。卽成細粉。再將另外糯米粉三合。預先在鍋上蒸成熟粉。同新牽之粉和水拌勻。捏成糰殼。用匙將腿花肉同醬油葱姜等斬爛之肉餅及汁等澆入。搓之成糰。入湯鍋中燒之。一透取出。轉入油鍋中煎之。及黃鏟起。食之別具風味。若徧體滾以白芝蔴。煎之更佳。

第二十節 肉心糰

材料

腿花肉一斤。　糯米粉一升。　醬油一兩。　酒一兩。　葱姜少許。

器具

鉢一只。　碗一只。　刀一把。　鍋一只。　鍋架一只。　絲瓜經一條。

砧板一塊。

製法

將腿花肉。用刀切成小塊。然後斬之極爛。和以醬油陳酒葱姜等少許。用刀再斬之。使味均勻。斬就鏟入碗內。以粉拌水使成極厚漿糊。用手捏成糰殼。中入此肉。搓成糰形。以不穿爲佳。做就入鍋上架。攤於絲瓜經上蒸之。二透卽熟。

注意

肉心糰以皮薄多露爲最可口。家庭如製。苦未得法。每坐此病。若在做肉餅時。另以洋菜肉汁。煮成厚露。和入餅內。用井水或冷水激之成凍。包入薄皮糰內。則蒸熟之後。露汁必多。蓋洋菜遇熱。必溶化而爲液體矣。

第二十一節　山芋片

材料

白心洋山芋二只。　菜油四兩。　飛鹽少許。

器具

鍋一只。　爐一只。　甑一只。　刀一把。　筷一雙。

製法

將山芋洗淨去皮。用刀切成薄片。燒熱油鍋。以筷鉗入炸之。待其色黃。收貯瓶中。不時可食。食時蘸鹽花。其味甚爲可口。

注意

若將片子減小。外面敷以蛋白同麵打和之漿糊。入鍋汆熟。即爲油炸山芋。與油炸藕片同一手續。

第二十二節　茨菇片

材料　茨菇一斤。　雞蛋十個。　白糖一兩。　乾麵三撮。　菜油六兩。

器具　油鍋一只。　碗一只。　盆一只。　筷一雙。

製法　將茨菇洗淨。用刀切成薄片。拌入雞蛋白同糖打和之蛋碗內。然後燒沸油鍋。用筷鉗入少許。反覆炸之。色黃即就。食之亦甚鬆脆。惟其味稍苦而欠香。此則不能不讓玉蘭片佔美於前矣。又法單用茨菇片。入油鍋炸黃。蘸鹽食之亦可。

第二十三節　玉蘭片

材料　純白無疵玉蘭片十葉。雞蛋三個。白糖少許。乾麵一撮。菜油四兩。

器具　油鍋一只。碗一只。盆一只。筷一雙。

製法　將蛋瀝白。下以乾麵白糖。用筷在碗內打和。燒熱油鍋。然後以洗淨純白無疵玉蘭瓣。以筷逐葉鉗入蛋內。浸之使遍。轉入油鍋。反覆汆之。待其漸黃。鉗入盆中。乘熱食之。清香適口。鬆脆宜人。又法單用花瓣。入油炸黃。蘸鹽食之亦佳。

注意

玉蘭瓣不能經熱。若以熱手採之。必起斑點。其味便覺減色。故採時將手先在清水中洗淨。使無汗液。既採以後。平鋪攤開。更不宜用手多弄。蓮花片製法。手續相同。

第二十四節　餅乾

材料

雞蛋三個。　乾麵一升。　葷油半斤。　檸檬汁少許。　牛乳半杯。　白糖半斤。

器具

炭爐一只。　烘餅乾鐵板一塊。　缽一只。　竹杖一根。　刀一把。

製法

將麵與白糖牛乳葷油檸檬。及打和之雞蛋。拌成稠穠漿糊。再用杖桿打薄。以刀切成薄片小塊。然後將鐵板遍敷以油。攤勻餅乾。上炭火烘之。待黃即得。

第二十五節　梨膏

材料

雪梨十只。冰糖三兩。紅綠絲四兩。桂圓丁一兩。橘餅丁一個。蜜棗絲一兩。藕粉二兩。綠荳一杯。薄荷油少許。

器具

鍋一只。爐一只。小榨床一具。碗若干。筷一雙。

製法

將梨去皮切片。用榨取其汁。然後入鍋。同冰糖橘餅丁蜜棗絲桂圓丁紅綠絲綠荳薄荷油等和水燒之。待沸燜之。如綠荳已爛。可將藕粉先打漿頭。令之和勻。傾入鍋中。用筷力攪不已。觀其凝成漿糊。以器盛起。臨飲時。面上再灑以對丁。（即紅綠絲）以資雅觀。食之頗有清心益智之妙。誠夏日之佳品也。

第二十六節　油炸蘋菓

材料

鮮蘋菓五只。　雞蛋十個。　荳砂一杯。　網油四兩。　乾麵三撮。　菜油四兩。（最妙葷油）

器具

油鍋一只。　大碗一只。　刀一把。　筷一雙。

製法

將蛋瀝清。同麵用筷打和。再將蘋菓去皮及心。切成片子。遍塗荳砂。以網油包裹。片片包就。用筷蘸以蛋白。入鍋炸之。頃成厚大鬆片。候黃撩起。食之肥甜兼美。

注意

油炸荸薺油炸梨油炸香焦等。其法均同。惟香焦必須去心。方無酸氣。

第二十七節　藕粉

材料

嫩藕十斤。　清水一斗。

器具

大磁鉢一只。　小淘罐一只。

製法

將藕洗淨。去節及皮。切斷成塊。置於潔淨之小淘罐內。坐入已盛清水之大磁鉢中。乃以藕向罐邊竭力摩擦。務使渣滓。至無藕汁爲度。其白色漿水。流入鉢中。移置靜處。勿使動搖。待其沉澱。傾去浮水。暴之以日。卽成藕粉。食時用碗以六粉四糖和勻。冲以開水。用筷力攪。便可以食。若加桂花。尤覺清香。

第二十八節　百合粉

材料

百合八斤。

器具

磁缽一只。　白夏布一方塊。　木槌一個。　籩一只。　鏟刀一把。

製法

將百合洗淨。以瓣倒入磁缽。用木槌舂之極爛。包入夏布。下以六分清水。以手攪之。使漿盡流入水。取去渣滓。置於靜處。待其沉澱。傾去浮水。鏟起盛籩。向日曝之。晒乾即就。若以白糖桂花。用開水調食。功能清心潤肺。

第二十九節　涼粉

材料

洋菜五十文。 冰糖三兩。 桂花少許。 薄荷葉四兩。 (中國藥店有售)

器具

鍋一只。 鉢一只。 刀一把。 碗若干。 筷若干。

製法

將洋菜入鍋。和八杯清水煮之。務使融化極盡。然後盛入鉢中。以井水或冷水激之。二十分鐘。卽凝結成凍。預先須將冰糖薄荷。用鍋煎沸。撈去其渣。激冷候用。乃以已凍之洋菜。切成小塊。如醃蔴腐然。分盛小碗。臨食時。再充以薄荷糖湯。清涼無匹。

注意

以洋菜易藕粉。其手續稍異。其結果仍同。食之亦甚清涼。

第三十節 炒米粉

材料

糯米一升。　葷油若干。　桂花若干。

器具

鍋一只。　爐一只。　磁缽一只。　鏟一把。　磨一具。　籮一只。

製法

將米在缽內。用水先浸一夜。明晨取出。用籮淘清。吹之微乾。（以爽爲度）入鍋以文火炒之。炒時須用鏟刀息息反覆。恐其焦黑。待至四面發黃。鏟起冷之。冷後用磨牽粉。卽就食時酌取少許。以白糖葷油桂花同時拌和。以極沸開水沖下。調成漿糊。便可食矣。

第二章　葷菜

第一節　神仙燒雞

材料

童子雞一只。醬油三兩。黃酒二兩。白糖半兩。葱薑香料各少許。

器具

鍋一只。爐一只。瓦罐一個。刀一把。碗一只。

製法

將雞殺就。用清水洗滌潔淨。以刀切成方塊。同醬油陳酒白糖葱薑等。置入瓦罐內。嚴封其蓋。放於乾鐵鍋中。關蓋。用文火先燒七箇柴團。隔十五分鐘再燒五個柴團。再隔十分鐘再燒三個柴團。不滿三十分鐘。其肉即可食矣。既省柴。又味美。洵一舉兩得之佳法也（神仙燒肉燒鴨法亦同）

注意

燒時鐵鍋內。切不可有水滴入。若滴入則鍋必爆碎矣。

第二節　炒雞片

材料　童子雞一只。醬油二兩。葷油一兩。黃酒一兩。白糖半兩。香料少許。

器具　鍋一只。爐一只。鏟刀一把。高腳碗一只。

製法　將雞殺就。用刀切碎。七成薄片。清水洗淨。以烈火燒熱油鍋。卽將雞片倒下。引鏟刀炒之。待其脫生。以酒及醬油清水等。同時倒下。如用和頭。亦可同下。闗蓋再煮之。然後下以白糖。霎時便可食矣。（炒肉片法亦同）

注意

炒雞片每老者多而嫩者少。此皆手法不靈敏之故。炒時若拌以蛋白。則可免此弊。

第三節 五香雞

材料

壯雞一只。 葷油一兩。 鹽一撮。 陳酒二兩。 醬油兩半。 甜醬一碗。 茴香一只。 花椒一撮。

器具

鍋一只。 爐一只。 鏟刀一把。 碗一只。 刀一把。

製法

將雞殺就。洗以清水。用刀切成方塊。四面搽以食鹽。然後再將油鍋燒熱。雞肉倒下。以鏟刀翻覆炒之。脫生。卽以陳酒醬油甜醬茴香花椒調和後一同倒下。用文火再燒片刻。卽可食矣。（五香豬肉及牛肉羊肉

鴨等法亦同）

第四節　芥辣雞

材料

童子雞一只。葷油兩半。葱一枝。芥辣粉一匙。麵粉三匙。胡椒粉一撮。鹽少許。

器具

鍋一只。爐一只。鏟刀一把。刀一把。碗一只。

製法

將雞殺就。洗淨後。切成方塊。再將油鍋燒熱。與葱芥辣粉麵粉胡椒粉食鹽同煎。然後加雞湯煮六分鐘。卽將雞倒入鍋中。再燒數下卽熟。

第五節　酒燜鴨

材料

鴨一只。白酒一斤。蛳螺數粒。食鹽二兩。葱薑香料各少許。

器具

砂鍋一只。風爐一只。海碗一只。刀一把。

製法

將鴨殺死。破肚去雜。洗淨後。以鹽遍擦內部。再將食鹽葱薑香料等塞入肚內。入鍋。加酒及蛳螺。關蓋用文火燒之。約燜至三點鐘之久。便可供食。味頗香美也。（酒燜雞法同）

注意

燒鴨時。用蛳螺同燒。易爛。

第六節　乾菜鴨

材料

壯鴨一只。乾雪裏蕻二兩。火肉二兩。蔴菇四只。干貝二兩。

醬油二兩。　黃酒二兩。　葷油二兩。　葱薑少許。

器具

鍋一只。　爐一只。　大盆子二只。

製法

將鴨殺就。勿下水。乾脫其毛。取去肚雜。將前列各物。置入肚內。再將油鍋燒熟。置鴨其中。燒至紅熟爲度。剝皮食之。其味甚爲香美。

第七節　焦鹽肉

材料

肋條肉三斤。　黃酒四兩。　白鹽二兩。　文冰四兩。　薑香料少許。

器具

鍋一只。　爐一只。　厨刀一把。　海碗一只。

製法

將肉洗淨。用刀切成方塊。或骰子塊。入鍋和水。再加食鹽黃酒薑香料等。用文火燒之。三透之後。和以冰糖。使成膩汁。便可食矣。

第八節 五香肉鬆

材料 瘦肉二斤。 陳酒二兩。 甜醬一碗。 醋少許。 茴香一只。 薑汁少許。 白糖一撮。 蔴油數滴。

器具 鍋一只。 爐一只。 鏟刀一把。 碗一只。 刀一把。

製法 將肉洗淨。切成方塊。和入雞湯。煮數滾。撈起。再和陳酒甜醬醋加茴香薑汁白糖蔴油調勻。下鍋拌炒。至乾取起。食之味甚香美。(五香魚鬆雞鬆法亦同)

第九節　清燉干貝田雞

材料　肥青田雞半斤。　干貝二兩。　陳酒二兩。　鹽一兩。　葱薑蔴油各少許。

器具　鍋一只。　爐一只。　剪刀一把。　碗一只。

製法　將田雞用剪刀殺就。剪去頭爪。剝去其皮。漂洗潔淨。以干貝及葱薑酒鹽一同置於碗內。下以清水一杯。卽入鍋蒸之二透後。燜半時卽就。食時用些蔴油。便覺清香無比矣。

第十節　鯽魚塞肉

材料

大鯽魚一條。 肉四兩。 陳油二兩。 醬油四兩。 葷油四兩。 白糖一匙。 葱二枝。

器具

鍋一只。 爐一只。 碗一只。 刀一把。 砧板一塊。

製法

將鯽魚刮去鱗鰓。用刀破開背心。洗淨血腸。再將肉和醬油酒葱薑鹽等斬爛後。塞滿肚腮。然後燒熱油鍋。以魚倒下。爆之極黃。下酒醬油及水。蓋蓋燒三透。和下白糖。卽可起鍋矣。

第十一節　炒鱔和

材料

黃鱔一斤。 醬油一兩。 葷油三兩。 陳酒二兩。 白糖少許。 蔴油砂仁末各少許。眞粉少許。

器具
鍋一只。爐一只。鏟刀一把。碗一只。小蚌壳一只。

製法
將黃鱔殺就。用小蚌壳劃成絲絲。漂洗潔淨。卽下熱油鍋中爆之。霎時下以酒。同時下以醬油清水。然後用文火燒之。微下白糖及眞粉。便可鏟起。再用蔴油砂仁末灑於碗面。食之其味更覺清香。

第十二節　韮芽炒肉絲

材料
豬肉半斤。韭芽三兩。葷油二兩。陳酒二兩。醬油三兩。鹽白糖各少許。

器具
鍋一只。爐一只。刀一把。碗一只。

製法
將肉切成細條。漂洗潔淨。即倒入燒油鍋中。以鏟炒之。然後下以酒。再下以鹽醬油雞汁及韭芽等。一透之後。和以白糖。便可起鍋矣。

第十三節 辣茄炒肉絲

材料
腿花肉一斤。 辣茄三兩。 葷油二兩。 陳酒二兩。 醬油三兩。 白糖鹽少許。

器具
鍋一只。 爐一只。 碗一只。 刀一把。

製法
將肉用刀切成細絲。然後再將油鍋燒熱。以肉絲傾入鍋中。引鏟炒之。待其脫生。以酒倒下。醬油鹽清水及茄絲等。亦依次加入。須臾和以白糖。即可食矣。

注意

本製品之辣茄絲。不可早時加入。否則不香脆矣。

第十四節　麪敷鰲

材料

鰲魚一斤。　麵二兩。　陳酒二兩。　醬油二兩。　糖葱薑各少許。

器具

鍋一只。　爐一只。　海碗一只。　刀一把。　筷一只。

製法

將鰲魚用筷刮去鱗鰓。洗淨後。入熱油鍋中煎之。使他發黃。然後面敷用水調成乾薄適宜之麵漿。少時。下陳酒醬油及水。燒三透。和以糖。即可起鍋供食矣。

第十五節　炒螄螺頭肉

材料　螄螺一碗。韮菜一紮。菜油二兩。黃酒一兩。醬油一兩。鹽少許。

器具　鍋一只。爐一只。鏟刀一把。碗一只。銀針一只。

製法　先將螄螺入水。下些菜油。養清泥污。然後用針挑出其肉。盛於碗中。再倒入油鍋內炒之。待其脫生。下以酒醬油鹽及韮菜等。文火燒二透。即可起鍋矣。

第十六節　炒肝油

材料

肝油半斤。菜油一兩。雪裏蕻四兩。醬油一兩。鹽一撮。陳酒一兩。白糖大蒜葉各少許。

器具

鍋一只。爐一只。鏟刀一把。碗一只。刀一把。

製法

將肝油用刀切成小塊。漂浸於清水內。然後將鍋子燒熱。以肝倒入。引鏟炒之。待其脫生。卽下以油塊及陳酒一兩。醬油鹽清水雪裏蕻等亦同時加入。蓋蓋燒透。和以白糖。食時加大蒜葉少許。以引香味。

第十七節　燒湯卷

材料

魚肚雜一付。粉皮一斤。葷油一兩。陳酒一兩。鹽一撮。醬油一兩。白糖大蒜葉各少許。

器具

鍋一只。爐一只。鏟刀一把。洋盆一只。剪刀一把。

製法

將魚雜剪開。用鹽擦去其污。洗滌數次。然後燒熱油鍋。以魚雜倒入。用鏟鏟之。待其脫生。卽下以油。再歇片時。下以鹽醬油清水及粉皮等。再燒二透。和以白糖。食時加大蒜葉少許。味更香美。

第十八節　燒刀魚

材料

刀魚一斤。金花菜半斤。油二兩。酒二兩。醬油二兩。鹽糖少許。

器具

鍋一只。爐一只。洋盆一只。筷一只。

製法 將刀魚用筷刮去鱗雜。卽以油鍋燒熱。投入刀魚。煎爆黃透。下以酒醬油。再將金花菜燒熟。同於刀魚內。一透之後。和味。如鹹加糖。須臾便可起鍋。

第十九節　醃燻鮮

材料 醃豬肉半斤。　鮮肉一斤。　蘿蔔半斤。　陳酒二兩。　食鹽一兩。　薑二片。

器具 砂鍋一只。　風爐一只。　刀一把。　碗一只。　大匙一把。

製法 將肉切碎。洗淨後。倒入鍋中。加清水薑等。置爐架。先燻一透。下黃酒。再透加食鹽。三透加蘿蔔。然後再爊半時。卽可供食。味甚鮮美也。

第二十節　炒假蟹紛

材料 大鱖魚一尾。　鴨蛋二枚。　葷油三兩。　黃酒二兩。　醬油二兩。　醋及白糖蔴油大蒜葉各少許。

器具 鍋一只。　爐一只。　鏟刀一把。　洋盆一只。

製法 將鱖魚蒸熟拆肉。又以鴨蛋打和。炒至半熟盛起。再將油鍋燒熱。以魚肉倒入鍋中。用鏟鏟之。然後下以黃酒。再下以雞湯醬油蛋黃等燒透和以白糖及醋。食時加蔴油大蒜葉。味美異常也。

第二十一節　炒海參

材料
海參三兩。　筍干三兩。　腿花肉半斤。　葷油四兩。　醬油四兩。　陳酒四兩。　鹽蔴油大蒜白糖砂仁末各少許。

器具
鍋一只。　爐一只。　鏟刀一把。　刀一把。　大海碗一只。

製法
將海參筍干預先放好。用刀切細。再將油鍋燒熱。以海參肉絲倒入鍋中。用鏟翻覆炒之。然後下以黃酒。霎時。以醬油鹽筍干雞汁等同時放入。再燒數透。和以白糖等。便可食矣。

注意
將海參以毛刷擦去沙質。在炭爐上烘乾。嵌入磁器小片。然後入水放之。則易嫩脹。

第二十二節 炒蹄筋

材料 蹄筋二十條。醬油三兩。葷油四兩。黃酒四兩。眞粉一盅。蔴油白糖各少許。

器具 鍋一只。爐一只。鏟刀一把。碗一只。

製法 將蹄筋燒熟。氽鬆後。浸在黃酒內。再倒入熱油鍋中。以鏟鏟之。卽下醬油雞汁及鹽。一透之後。和以眞粉白糖。（蔴油食時加入。）便可起鍋矣。

第二十三節 爊肺

材料

豬肺一個。　黃酒三兩。　鹽一兩。

器具　砂鍋一只。　風爐一個。　酒壺一把。　剪刀一把。　碗一只。

製法　將肺灌水。使肺葉澎脹。以手拍之。隨灌隨拍。使盡去其血汚。再剝去薄皮。剪成方塊。和清水一鍋。一透之後。以黃酒倒入。撈去膩沫。再燒二透。加鹽。再燒數透。盛起。以醬蔴油拌蘸食之。味甚清美也。

第二十四節　紅燒肥腸

材料　腸一付。　醬油六兩。　陳酒四兩。　鹽一兩。　白糖一兩。　香料顏色少許。

器具

鍋一只。爐一只。碗一只。筷一只。

製法

將腸用筷套住。翻覆洗淨。然後以小腸納入大腸中。入鍋和水燒透後。冷水過清。再倒入鍋中。加黃酒醬油香料鹽等。一同燒之三透之後。和以顏色。再燒一透。下以白糖。味和之後。卽可起鍋矣。

第二十五節　爛和肉絲

材料

腿花肉一斤。白菜半顆。黃酒二兩。醬油二兩。白糖香料少許。

器具

鍋一只。爐一只。刀一把。碗數只。

製法

將肉切成細絲。入鍋燒透。下以黃酒。再燒二透。加入醬油香料糖等。用文火再燒半時。燜爛爲度。食之味甚甘美也。

第二十六節　燒牛肉

材料

牛肉攢子二斤。　蘿蔔二個。　醬油四兩。　茴香少許。

器具

鍋一只。　爐一只。　厨刀一把。　洋盆一只。

製法

將牛肉切成塊塊。入鍋和水。及蘿蔔茴香等。一同燒之。燒至數透。取去蘿蔔。以醬油倒入。再燒數透。卽可食矣。

注意

蘿蔔攢細孔後放入。用以去牛臊臭。但不可下酒。下酒則臊氣更甚。亦不可多燒。多燒則覺反老。

第二十七節　燒羊肉

材料
羊肉一斤。　蘿蔔一個。　醬油四兩。　黃酒四兩。　白糖食鹽大蒜葉各少許。

器具
鍋一只。　爐一只。　厨刀一把。　海碗一只。

製法
將羊肉切成方塊。和水入鍋。與蘿蔔同時下湯。煑半小時。取出蘿蔔。劈清浮膜。然後倒下黃酒。一透之後。再加入醬油食鹽等。待其熟爛。投入白糖。味和之後。洒下大蒜葉。便可食矣。

第二十八節　燒魚糟

材料

青魚一斤。　香糟一缽。　黃酒二兩。　食鹽半兩。　葱薑少許。

器具

鍋一只。　爐一只。　刀一把。　碗三只。

製法

將魚去鱗破肚。洗淨後。切成塊塊。湑於香糟中。糟中和些食鹽黃酒。越宿取出。入鍋和水。及鹽葱薑等。一同燒之。一透之後。倒入黃酒再燒二透。卽可供食。味甚清香也。

第二十九節　清燉甲魚

材料

牡丹甲魚一斤。　笋一只。　陳酒四兩。　豬油二兩。　鹽一兩。　生薑少許。

器具

鍋一只。 爐一只。 西式洋盆一只。 大海碗一只。

製法

將甲魚殺就。用沸水泡之。剝去其皮。用刀在胸部四分切開。洗淨腸穢。然後將筍豬油陳酒鹽生薑等。納入肚內。裝置盆中。入鍋蒸之。食之其味清冽。

第三十節 豬油嵌蟹

材料

金爪蟹五只。 豬油五兩。 鹽半匙。 陳酒三兩。 生薑五片。 醬油半兩。 茴香末少許。

器具

鍋一只。 爐一只。 海碗一只。

製法

將蟹撥開後部。以豬油嵌入。置於碗內。下以鹽酒。入鍋內燒之。二透之後。即可食矣。

第三十一節　腐衣包肉

材料

豬肉二斤。　豆腐衣四張。　陳酒三兩。　醬油三兩。　鹽半匙。　葱薑少許。　蔴油少許。

器具

鍋一只。　爐一只。　海碗一只。　刀一把。

製法

將豬肉用刀斬爛。和以酒醬油鹽葱薑等。盛之於碗。又以豆腐衣切成小方塊。用手包肉成卷形。然後下以酒醬油清水等。入鍋燒之。二透便熟。

第三十二節　肉燉蛋

材料

蛋二枚。　腿花肉三兩。　醬油一兩。　陳酒二兩。　葱二枝。　鹽少許。

器具

鍋一只。　爐一只。　海碗一只。　筷一雙。　匙一把。

製法

將蛋打破。用筷調和後。再以肉斬爛。和以醬油酒葱鹽等。然後倒入蛋碗中。下以清水。入飯鍋上蒸之。飯熟便可食。酌加些醬油。味甚鮮美也。（乾燉亦佳）

第三十三節　豕炙骨

材料

鮮脅肉一斤。　菜油一斤。　麵粉二匙。　黃酒三兩。　醬油二兩。　白糖二兩。　醋葱茴香各少許。

器具

鍋一只。　爐一只。　鏟刀一把。　鐵絲勺一把。　洋盆一只。

製法

將肉純用精肉。每二骨切成一方塊。用醬油黃酒麵粉葱等浸在缽內。然後倒入熱油鍋中炸之。待其發黃。加醬油醋再燒。下以白糖。見其濃厚。便可供食。其味甚爲鮮嫩也。

第三章　素菜

第一節　菠菜荳腐湯

材料

菠菜半斤。　荳腐二塊。　食鹽半兩。　白糖蔴油及荳豉醬少許。

器具

鍋一只。爐一只。碗一只。

製法

將菠菜荳腐。洗淨後。倒入鍋中。同水燒之。待沸下鹽。闔蓋再燒。二一透即就。將起鍋時。加以白糖蔴油荳豉醬等。食之風味極佳。

第二節　毛豆子湯

材料

毛豆子一碗。筍一只。醬油二兩。鹽蔴油少許。

器具

鍋一只。爐一只。竹架一個。碗一只。

製法

將毛豆剝去其殼。盛於鍋中。然後加入筍片及鹽清水等。燃火燒之。二透之後。便可就食。食時再加醬油蔴油。味甚清冽。

第三節　滾冰豆腐

材料

冰豆腐三塊。　冬筍一只。　鹹菜一兩。　醬油半兩。　食鹽半匙。　白糖大蒜葉少許。

器具

鍋一只。　爐一只。　湯碗一只。

製法

將豆腐及冬筍鹹菜等。一一切成細塊。然後一同倒入鍋中。和以清水食鹽。燃火燒之一透和味。再透加大蒜葉。便可起鍋就食矣。

注意

豆腐以石膏做成者爲佳。否則粗而無味。

第四節　醃黃瓜

材料

黃瓜二條。　菜油二兩。　白糖半兩。

器具

鍋一只。　爐一只。　筷一雙。　厨刀一把。　盆子一只。

製法

將黃瓜去子。切成薄片。以鹽擦去其汁。然後置於碗中。上加白糖。再將菜油煎透。以油和入瓜片內。以筷拌之。卽可食矣。

第五節　醃蓬蒿

材料

蓬蒿一斤。　食鹽一兩。　白糖蔴油醋各少許。

器具

鍋一只。　爐一只。　盆一只。

製法

將蓬蒿和清水入鍋。燃火燒之。一透之後。入冷水過淸。用刀切細後。即以食鹽白糖蔴油醋等。加入拌之。便可供食。其味清芬可口。

第六節　醃茭白

材料

茭白四個。　醬油一兩。　食鹽白糖蔴油各少許。

器具

鍋一只。　爐一只。　盆一只。

製法

將茭白剝去其殼。置於盆中。加些食鹽。入飯鍋蒸之。飯熟取出。用刀一敲。使其發鬆。切成纏刀塊。裝入盆中。拌以白糖。及醬油蔴油等。即可供食。其味甚美。

第七節　醃粉皮

材料 粉皮一斤。黃瓜一條。芥辣油食鹽醬油蔴油各少許。

器具 西洋盆子一只。

製法 將粉皮切絲。放在熱水中漂淨。再將黃瓜去子切絲。以鹽擦去其汁一同裝入盆中。然後以醬油蔴油及芥辣油等加入拌之。食之清爽異常。

第八節　炒芹菜

材料 芹菜一紮。菜油一兩。醬油半兩。食鹽白糖蔴油各少許。

器具

鍋一只。　爐一只。　碗一只。

製法

將芹菜剝去枯葉。洗淨後。用刀切斷。再將油鍋燒熱。倒入炒之。然後下以醬油食鹽清水等。一透和味。再透起鍋。滴下蔴油。便可供食矣。

第九節　炒茄子

材料

茄子四只。　菜油二兩。　醬油二兩。　黃酒半兩。　白糖蔴油各少許。

器具

鍋一只。　爐一只。　厨刀一把。　碗一只。

製法

將茄子洗淨。切成纏刀塊後。傾入油鍋中煎之。下以黃酒。引鏟炒之。再加清水醬油。二透之後。加入白糖蔴油。便可食矣。

第十節 炒冬菇

材料

冬菇十只。 菜油二兩。 木耳十只。 金針菜一兩。 醬油一兩。 鹽白糖蔴油少許。

器具

鍋一只。 爐一只。 鏟刀一把。 碗一只。

製法

將冬菇放好。倒入熱油鍋炒之少時。下以放好之木耳金針菜及醬油鹽清水等。一透之後。和糖嘗味。食時再加滴蔴油。味鮮無埒。

第十一節 炒磨腐

材料

磨腐二塊。 菜油一兩。 食鹽少許。 醬油半兩。 蔴油少許。

器具　鍋一只。爐一只。碗一只。

製法　將磨腐切成小方塊後。倒入油鍋中炒之。霎時下以醬油食鹽。再炒片刻。即可鏟起。盛於碗內。加蔴油數滴。便可供食矣。

第十二節　炒腐鬆

材料　荳腐五塊。菜油三兩。醬薑三塊。醬瓜三條。乳腐露一杯。白糖蔴油少許。

器具　鍋一只。爐一只。布一方。碗二只。鏟刀一把。

製法

將荳腐在鍋中燒一二時之久。用布擠去其水。乃以油鍋燃火燒之。即將荳腐倒入炒之。霎時下醬瓜醬薑。再燒數下。以乳腐露傾入。起鍋時。酌加白糖蔴油。味更鮮美。

第十三節　炒腐丸

材料

豆腐二塊。　香菌四只。　扁尖一兩。　冬筍一只。　腐衣三張。　菜油二兩　醬油二兩　白糖蔴油少許

器具

鍋一只。　爐一只。　刀一把。　碗一只。

製法

先將豆腐切成方塊。然後以豆腐扁尖冬筍香菌等。和醬油拌在一起。用豆腐衣包成肉丸形。再將油鍋燒熱。倒入煎黃。加以醬油香菌湯燒

透下白糖起鍋加蔴油便覺清香適口矣。

第十四節　炒荳瓣

材料

蠶荳四合。　菜油二兩。　醬油一兩。　鹽薺半碗。　鹽糖少許。

器具

鍋一只。　爐一只。　鏟刀一把。　碗一只。

製法

將荳浸爛。剝成荳瓣。在飯鍋上蒸酥後。倒入油鍋中炒之。下些鹽花少時。再加醬油鹽薺及清水等。二透之後。和以白糖。即可食矣。

第十五節　炒素雞

材料

百頁八張。　香菌八只。　扁尖一兩。　醬油二兩。　菜油二兩。　鹽白糖蔴油少許。

器具

鍋一只。 爐一只。 刀一把。 碗一只。 木板一塊。

製法

先將百頁五張。疊齊卷緊紮好。入鍋燒熟後。用板重力壓扁。切成雞塊。然後倒入熱油鍋中煎透。下以香菌扁尖及放好之香菌湯醬油等。蓋蓋燒之。二透之後。和以白糖。起鍋時。再加蔴油。食之味美嫩而可口。

第十六節 萊菔鬆

材料

萊菔二個。 菜油一兩。 食鹽半兩。 白糖葱少許。

器具

鍋一只。 爐一只。 刮鏍一個。 碗一只。

製法

將萊菔鑤成細絲。摻些食鹽。捏去辣水。然後燒熱油鍋。倒下炒之。霎時。下以食鹽。再炒片刻。以白糖葱屑加入。味和之後。卽可起鍋。用以下粥。甚爲爽口。

第十七節　燒冬瓜

材料

冬瓜一斤。　菜油二兩。　醬油二兩。　糖蔴油少許。

器具

鍋一只。　爐一只。　刮鑤一個。　碗一只。

製法

將冬瓜刮去皮瓤。切成方塊。在油鍋中煎透。然後加入醬油及水等。二透和味。食時。加蔴油。味又香美。

第十八節　乳腐露燉荳腐

材料

荳腐二塊。菜油一兩。醬乳腐露半兩。金針菜半兩。木耳十只。食鹽蔴油少許。

器具

鍋一只。爐一只。碗一只。筷一雙。

製法

將金針菜木耳浸在水中。放好後。同乳腐露食鹽。倒入荳腐碗內。用筷調和。再置於飯鍋上蒸之。飯熟即可食矣。加些蔴油。味更可口。

第十九節　辣油

材料

紅辣虎（或辣虎醬）四兩。菜油六兩。

器具
鍋一只。爐一只。碗一只。
製法
將辣虎醬。倒入熱油鍋中煎之。待其煎至油內無爆聲後。乃去其渣。便盛於碗中。喜食者。或蘸拌。或冲湯。隨時供用。

第二十節　筍油

材料
春筍三只。醬油四兩。菜油六兩。
器具
鍋一只。爐一只。碗一只。
製法
將嫩筍剝去其殼。用刀切碎。再將油鍋燒熱。以筍倒入煎之。霎時。下以醬油。待水分漸少。油聲不響。即可盛起。置於碗中。臨時取用。

第二十一節　小磨蔴油

材料

芝蔴一斤。（約出蔴油八九兩之多）

器具

鍋一只。　爐一只。　手磨一具。　瓷盆一只。　銅勺一把。

製法

將芝蔴倒入鍋中炒之。炒至焦黃色。鏟起盛於碗中。然後以手磨撵成細粉狀。再傾入瓷盆內。以沸水灌之。攪成漿糊狀。再將銅勺徐徐沓之。即出蔴油。較市上所售者。極占便宜也。

第四章　鹽貨

第一節　鹽醉蟹

材料
蟹五斤。 醬油二斤。 陳酒二斤。 鹽四兩。 薑椒少許。
器具
缽一只。 蓋一個。 小石一塊。 大盆一隻。
製法
將蟹用洗帚隻隻洗淨。扳開其後部之臍。入以鹽薑。裝入缽中。再和入醬油酒鹽花椒等。用蓋蓋之。再壓小石。以示穩固。越四五日。即可食矣。

第二節 鹽皮蛋

材料
大鴨蛋五十個。 鹽五兩。 紅茶葉二兩。 爐底灰二升。 鹼一兩。
硝少許。 礱糠一升。
器具

罎一只。　雷盔一個。　筍籜三張。

製法

將紅茶葉煎就。拌以爐底灰鹽鹼硝等。打和分作五十團。每蛋一團。團好滾以礱糠。裝入罎中。嚴封其口。再擋以泥口。

第三節　鹽風雞

材料

雞一只。　鹽六兩。　炭四根。

器具

鍋一只。　爐一只。　剪刀一把。　麻繩一條。

製法

將雞殺好。不必去毛。用剪破開腹部。取出肚雜。再將鹽入鍋炒熱。速卽細擦內部。然後以燒紅之炭。塞入肚內。用線紮緊。掛於檐下。二月可煮食。嫩而別有風味。

注意

破肚後不可用水洗。以防生水浸入。又肚雜可先煮食之。

第四節　鹽蝦米

材料

蝦五斤。　鹽一斤。　陳黃酒一斤。

器具

鍋一只。　爐一只。　罏一只。　布袋一個。　竹篩一只。　籩一只。

製法

將蝦洗淨後。倒入燒透鹽水之鍋中。同時加入黃酒。酒透盛起。攤入籩中。曬之極乾。傾入袋中。打去頭部尖芒。入篩篩之。裝入罏中。徐徐候用。

第五節　鹽菜心

材料　菜心十五斤。鹽三斤。甘草香料少許。

器具　缸一只。石二塊。刀一把。

製法　將大菜剝去葉梗。切去其根。以菜心洗淨。置入缸中。用鹽醃勻。再加甘草香料。壓以重石。嚴封其缸口。一月可食。

注意　以菜心壓乾後鹽之。名乾菜心。其味更佳。

第六節　鹽芥菜

材料　芥菜十斤。鹽二斤半。甘草香料少許。

器具

缸一只。　石二塊。

製法

將芥菜於清水內洗淨。置入缸中。用鹽醃勻。以手搦之。甘草香料等亦漸漸加入。以石壓之。月餘可食。

第七節　鹽芥菜心

材料

芥菜心十五斤。　鹽三斤。

器具

缸一只。　石二塊。

製法

將芥菜心用清水洗淨後。推入通風處風乾之。用鹽層層醃勻。和入甘草香料等。壓入重石。固封缸口。月餘可食。

第八節　鹽芥菜根

材料

芥菜根十五斤。　鹽三斤。　甘草香料少許。

器具

缸一只。　石二塊。

製法

將芥菜根洗淨後。用刀切成細片。以鹽盡力揉搦。使他勻盡。置入缸中。再加甘草香料。入石封口。月餘可食。

第九節　鹽白菜

材料

茭菜十五斤。　鹽三斤。　甘草香料少許。

器具

缸一只。　石二塊。

製法

將上白菱菜洗淨後。和入鹽甘草香料。層層放入缸內。上面壓緊石塊。

夏日泡湯蒸食。味甚清爽。

第十節　鹽五香菜

材料

大菜十五斤。　鹽三斤。　五香香料若干。

器具

罎一只。　柴一團。

製法

將大菜用水洗淨。以食鹽醃勻。層層和入五香香料。用石壓住。隔日取出。去水另置乾罎中。再加清水醃浸。隔五日如之。再隔七日又如之。即可食矣。

第十一節　鹽酸菜

材料

菜心八斤。　鹽二斤。　醋糖醬油半斤。

器具

小罎一只。

製法

將菜心洗淨。以鹽鹽之。置於罎中。再加入醋糖醬油等。調和封口。十日可食。

第十二節　鹽生薑

材料

薑五斤。　鹽二斤。　白梅明礬三兩。

器具

缸一只。　刀一把。

製法

將薑洗淨後。剝去其皮。用刀切碎。先入鹽礬湯浸之。隔日曬乾。拌上食鹽再曬。然後倒入鹽梅湯內。旬日可食。

注意

生薑用嫩者爲最佳。

第十三節　鹽筍干

材料

嫩筍五斤。　鹽半斤。　茴香六只。　玫瑰花六朶。

器具

鍋一只。爐一只。罎一只。刀一把。

製法

將嫩筍去殼。切成薄片。入鍋燒透。然後撈出。曬於日光中。待其曬乾。收入罎內。加香料。緊封其口。隨時取食。

第十四節　鹽醋大蒜頭

材料

大蒜頭五斤。鹽一斤。陳醋半杯。甘草末一兩。赤沙糖四兩。

器具

罎一只。雷盆一個。筍籜三張。

製法

將大蒜頭洗淨。用鹽醃入罎內。隔日加以陳醋甘草末赤沙糖等。然後將罎口紮緊。翻轉合於雷盆之中。置於屋上。月餘可食。

第十五節　鹽醉蘿蔔

材料　蘿蔔十斤。　鹽二斤。　陳黃酒二斤。　赤沙糖一斤。　甘草末茴香末等各一兩。

器具　缸一只。　罎一只。

製法　將蘿蔔洗淨。用刀切成細條吹乾。然後醃以缸中。越夜撈起晒乾。再入缸內。過夜仍起晒乾。再收入罎中。用鹽酒糖甘末茴末重重醃勻。緊紮其口。以防洩氣。

第十六節　鹽茄子

材料

茄子十只。食鹽半斤。沙糖四兩。甘草香料少許。

器具

鍋一只。爐一只。罎一只。刀一把。

製法

將茄子洗淨。用力切成片片。以鹽鹽入罎內。越日撈起。同沙糖甘草香料等。入鍋燒熟。俟冷裝入罎內。固封其口。以備不時之需。

第十七節　鹽醉雞

材料

公雞一只。鹽半斤。陳黃酒一斤。花椒香料各少許。

器具

罎一只。刀一把。

製法

將雞殺就去毛。破肚洗淨瀝乾。用鹽酒花椒香料等。一同倒入罎中。以荷葉壓緊緊封其口。旬日可食。

第十八節　鹽田螺

材料

田螺三斤。　鹽一斤。　黃酒一斤。　花椒香料少許。

器具

罎一只

製法

將田螺養清。泥污洗淨後。倒入罎中。再將鹽酒花椒香料等加入。封口擂泥。一日可食。

第十九節　鹽簑衣蘿蔔

材料

大蘿蔔十斤。　鹽二斤。　陳黃酒一斤。　沙糖香料少許。

器具

罎一只。　刀一把。

製法

將蘿蔔洗淨吹乾。用刀斜切薄片。愼勿切斷。再翻轉逆切薄片。亦不可切斷。卽成簑衣狀。然後鹽於罎中。加入陳黃酒沙糖及香料等。封口淯浸。三五日便可食矣。

注意

切時以竹筷橫着蘿蔔。可免切斷。

第五章　糟貨

第一節　糟蟹

材料

蟹五斤。　鹽十兩。　白酒糟三斤。　茴香花椒少許。

器具

罎一只。　石一塊。　箏籗三張。

製法

將蟹洗淨後。以鹽糟和好。鋪入罎內。將蟹置於其上。如是層層以滿罎口爲滿。上再加茴香花椒等。以箏籗緊封其口。用石壓緊。旬日內可食。

第二節　糟白菜

材料

白菜五斤。　鹽十兩。　白酒糟三斤。　茴香香料少許。

器具

缸一只。　罎一只。　石一塊。　箏籗三張。

製法

將白菜洗淨陰乾後。以鹽糟和好。層層糟入缸內。俟其已熟。將白菜紮成小捆。裝入罎內。上面再加茴香香料。用箏籜紮好。用石蓋好。但水過多。恐乏之香味。

第三節　糟雪裏蕻

材料

雪裏蕻三斤。　白酒糟五斤。　花椒香料各少許。

器具

罎一只。　箏籜三張。

製法

將雪裏蕻紮成小團。然後層層糟入罎中。滿罎封以泥。六日可食。

第四節　糟大頭菜

材料

大頭菜三斤。　白酒糟五斤。　花椒茴香末各少許。

器具

罎一只。　笋籜三張。

製法

將大頭菜醃以鹽。然後一層糟一層大頭菜相間。糟滿罎口。用笋籜緊封其口。即可食矣。

第五節　糟香菜

材料

香菜三斤。　白酒糟四斤。　香料若干。

器具

罎一只。　笋籜三張。

製法

將香菜醃以鹽。然後將白酒糟及香料拌在一起。再一層間一層的裝入罎內。緊封其口。且擋以泥。越旬卽可食矣。

第六節　糟蘿蔔

材料 蘿蔔一斤。　香糟一斤。　鹽四兩。

器具 缽一只。　布袋一個。　鍋一只。

製法 將蘿蔔去皮入鍋燒之。下以鹽盛入缽內。中挖一潭。用香糟納入布袋。置於潭中。上閉其蓋。卽可食矣。夏令食之。味頗香美。

第七節　糟茄子

材料

茄子四斤。　糟五斤。　鹽半斤。

器具

缽一只。　蓋一個。

製法

將茄洗淨燒熟。用糟鹽等拌和。然後將茄子浸入香糟缽內。以蓋蓋之。七日可食。

第八節　糟薑

材料

薑三斤。　鹽半斤。　香糟五斤。

器具

罎一只。　蓋一個。

製法

將生薑洗淨剝皮後。再將鹽糟等拌和。浸入生薑。以蓋蓋之。月餘卽可食矣。

第九節　糟筍

材料
筍十斤。香糟三斤。鹽四兩。

器具
罎一只。蓋一個。針一只。

製法
將筍剝殼。以針刺入小孔。然後浸入香糟中。封口蓋蓋。月餘可食。

第十節　糟大蒜頭

材料
大蒜頭四斤。鹽半斤。香糟五斤。酒四兩。石灰湯少許。

器具

罎一只。 箏籊三張。

製法

將大蒜頭洗淨。逐個浸入石灰鍋。隨卽撈起。裝入香糟內。罎滿封口。月餘可食。

第十一節 糟韮菜

材料

韮菜三斤。 鹽六兩。 香糟五斤。

器具

罎一只。 蓋一個。

製法

將韮菜洗淨晒乾。再將糟鹽拌和。然後一層間一層的糟入罎內。封口蓋蓋。三日可食。

第十二節　糟蝦

材料　大蝦一斤。　鹽四兩。　香糟三斤。　酒四兩。

器具　缸一只。　布袋一個。

製法　將蝦洗淨。剪去芒足。再將酒糟拌和。裝入布袋。移入缸內。越日取出。醃而食之。味過酒搶蝦。

第十三節　糟黃瓜

材料　黃瓜三斤。　鹽二斤。　香糟五斤。　甘草末香料少許。　石灰湯若干。

器具
罎一只。　篩籮三張。
製法
將黃瓜洗淨。入石灰湯浸之。撈起。再將糟鹽拌和。以黃瓜糟入缸內。過五日取出晒乾。又以甘草末摻在黃瓜上。加香料再糟之。收藏封固。一月可食。

第十四節　糟豆腐乾

材料
豆腐乾二十塊。　香糟二斤。　香料若干。
器具
罎一只。　篩籮三張。
製法

將豆腐乾拌黃酒入糟內浸之。再加香料。以箏籜封固罎口。再擋以泥。使小蟲不能竄入。食時拌以醬蔴油白糖。味香無埒也。

第十五節 糟萵苣笋

材料

萵苣笋十只。 食鹽四兩。 酒糟二斤。

器具

罎一只。 箏籜三張。

製法

將萵苣笋用刀扦去其皮。再將糟鹽拌入罎內。然後以萵苣笋糟入糟中。隔日可食。香脆異常。

第六章 醬貨

第一節 醬黃瓜

材料
黃瓜五斤。　醬五斤。　鹽一斤。
器具
小缸一只。　針一只。
製法
將黃瓜去蒂。刺以細眼。用鹽醃之。隔日撈起。晒之微乾。先入次醬。後入甜醬。半月可食。

第二節　醬蟹

材料
潭蕩金爪蟹五斤。　鹽四兩。　陳酒半斤。　白糖香糟醬若干。
器具
小罎一只。　石臼一只。　小磨一具。

製法

將蟹用帚洗淨。扳開後部。嵌以薑斤。醃就壓於缽中。恐其逃去。然後將蟹用臼樁爛。加以陳酒白糖香糟醬等。用磨牽之極爛。另裝罎內隨時蒸食。味美逾常也。

第三節　醬蝦

材料

蝦三斤。　鹽四兩。　陳酒半斤。　醬油四兩。　白糖香糟醬若干。

器具

罎一只。　石臼一只。　小磨一具。

製法

將蝦用陳酒醬油等洧奵。然後和以白糖食鹽香糟等。入小磨牽之。俟爛後。裝罎封口。以防漏氣。

第四節　醬菌

材料　菌五斤。　鹽四兩。　醬油一缽。

器具　小缸一只。　缽一只。

製法　將鮮菌洗淨後。摻以食鹽。入鍋蒸熟。投入醬油中。三日可食。佐以下粥甚佳。

第五節　桃子醬

材料　桃子十只。　白糖六兩。　桂花少許。

器具

碗一只。筷一雙。

製法

將桃子洗淨。去其皮核。和入白糖桂花。盛於碗中。用紙紮緊。入鍋蒸之。一透之後。用筷搗成醬狀。卽成。

第六節　花紅醬

材料

花紅十只。白糖六兩。桂花菓露藕粉各若干。

器具

碗一只。刀一把。

製法

將花紅洗淨。去其皮核。用刀切成小塊。入鍋和菓露白糖煎透。酥爛之後。倒入藕粉。攪成醬狀。摻以桂花米少許。卽可供食。

第七節　枇杷醬

材料
枇杷十只。　白糖六兩。　桂花少許。
器具
碗一只　筷一雙。
製法
以枇杷剝去皮核柄等。和入白糖。置於碗中。用紙紮緊。入鍋蒸之。俟爛用筷攪和。加入桂花。卽可食矣。

第八節　雙醬（一）

材料
梅子十只。　枇杷十只。　白糖半斤。　桂花少許。
器具

碗一只。筷一雙。

製法　將梅子枇杷二種。同樣剝去其皮核。盛於碗中。以白糖拌入。用紙糊封。入鍋蒸之。爛後以筷將紙觸破。攪拌成醬。加入桂花。味香無比。

第九節　雙醬（二）

材料　甜菜根半斤。　蘋菓一斤。　白糖一斤。

器具　罐一只。　刀一把。

製法　將甜菜根洗淨扦皮。再將蘋菓去其皮核。用刀切成小塊。然後一同加水入鍋燒爛。和入白糖再燒。片時卽成醬矣。

第十節　鹽桂花醬

材料
桂花一碗。　霜梅四只。　食鹽四兩。

器具
罐一只。

製法
將桂花揀淨後。移入罐中。鹹以鹽。投入霜梅。緊封其口。味亦不惡。

第十一節　山楂醬

材料
紅菓十只。　白糖六兩。

器具
鍋一只。　爐一只。　罐一只。

製法

將紅菓榨取其汁水。和以白糖。倒入鍋中。煎透以後。見其已成醬狀。盛起冷卻裝入罐內。味同山楂糕無異。

第十二節　梅子醬

材料

黃熟梅子十只。白糖半斤。鹽及紫蘇若干。

器具

鍋一只。爐一只。罐一只。

製法

將黃熟梅子去其皮核。搗爛後。摻以鹽一撮。曬於日中。再將鍋燒熱。以梅及白糖倒入。紫蘇拌之。未幾。卽可起鍋矣。

注意

梅醬以燒至紫紅色爲度。

第十三節　楊梅醬

材料　楊梅十只。白糖六兩。鹽少許。

器具　罐一只。面盆一只。

製法　將楊梅置於水盆中。摻以食鹽少許。養凊撈起。卽以白糖湑入罐中。固封爲宜。

第十四節　李子醬

材料　李子十只。白糖六兩。

器具

罐一只。

製法

將李子洗淨。剝去皮核。入鍋蒸熟。搗爛後。和入白糖。加些清水再燒。俟其已成醬狀。即可收藏候用矣。

第十五節　杏子醬

材料

杏子十只。　白糖六兩。

器具

罐一只。

製法

將杏子洗淨。去其皮核。再打開其核取其仁。一同入鍋燒熟。俟爛加以白糖。攪成醬狀。便可食矣。

注意

杏子醬功能止咳。

第十六節　蘋菓醬

材料

蘋菓十只。　白糖半斤。

器具

罐一只。　刀一把。

製法

將蘋菓洗淨。用刀切碎。和水入鍋燒爛。再和入白糖。俟已成醬。即可起鍋。

第十七節　荳豉醬

材料
黑大荳一斤。　食鹽四兩。　薑椒茴香薄荷茶葉蘇葉各少許。
器具
鍋一只。　爐一只。　籩一只。　甕一只。
製法
將黑大荳用清水浸爛。入鍋蒸熟。置於籩中。上覆以稻草。俟其發酵。加入食鹽及薑椒茴香薄荷茶葉蘇葉清水等各等分。然後入甕。泥封曝之。久而始成。用以和味。鮮美異常。

第十八節　醬肉

材料
鮮肉二斤。　醬油半斤。　陳黃酒四兩。　文冰二兩。　清水五斤。　葱薑少許。　紅米茴香花椒料皮各若干。

器具

鍋一只。爐一只。蔴布袋一只。碗一只。

製法

將肉洗淨。浸在醬油內。夏日約隔一夜。就可撈起。再以紅米茴香花椒料皮等。包入蔴布袋內。同葱薑黃酒清水等。入鍋。須用文火徐徐燒之。見其將爛。已呈桃紅色。即以文冰倒下收露。俟其濃厚。就可鏟起供食。

注意

味之鮮潔。較市售者有過之無不及。（醬雞醬鴨法亦同）

若用炭基二枚。入烘缸燜之。約一時半可食。味亦良佳。

第七章　燻貨

第一節　燻牛肉片

材料

牛肉二斤。　荳粉一碗。　醬油四兩。　食鹽二兩。　香菇一兩。　木耳一兩。　蔴油少許。　木屑一斤。

器具

鍋一只。　爐一只。　刀一把。　燻缸一只。　燻架一只。　大洋盆三只。

製法

將牛肉用刀切成薄片。加荳粉食鹽醬油香菇木耳蔴油等拌和。然後鍋中置淸水燒之。水沸卽倒下。二透之後。盛起燻之。食之美嫩可口。

注意

煮時。水不可過多。

第二節　燻牛肉圓

材料

牛肉二斤。　醬油四兩。　食鹽二兩。　荳粉一碗。　蔴油葱屑少許。

木屑一斤。

器具

鍋一只。爐一只。刀一把。燻缸一只。燻架一只。大洋盆三只。

製法

將牛肉用刀斬爛後。加醬油食鹽荳粉蔴油葱屑調勻後。以匙作圓形。下於沸水鍋中煎之。煎熟。上架燻之。燻就食之。其味極佳。

注意

牛肉圓入水煮時。一透卽盛起。遲則不嫩矣。

第三節　燻牛肉酥

材料

牛肉二斤。荳粉一碗。醬油四兩。食鹽二兩。醋及葱屑香蕈末少許。雞蛋五枚。油六兩。木屑一斤。

器具

鍋一只。爐一只。大盆子三只。熏缸一只。熏架一只。刀一把。筷一雙。

製法

將牛肉用刀切爛如泥。和以上好荳粉醬油食鹽酸醋葱屑香蕈末。及調勻之雞蛋等。用筷調和。做成肉餅狀。然後將油鍋燒熱。倒入爆之。爆透後。取出。移上熏架熏之。及黃透。卽可供食。味極鮮美。

第四節　熏紅熟牛肉

材料

牛肉二斤。油四兩。醬油四兩。食鹽一兩。醋少許。木屑一斤。

器具

鍋一只。爐一只。大盆子三只。熏缸一只。熏架一只。刀一把。

製法

將牛肉用刀切成小塊。置於鍋中。加清水燒透。過清血水。然後倒入熱油鍋中炒之。炒至約五分鐘時。加入醬油食鹽醋等。微加清水。用文火燜熟。再將牛肉移上燻架。引火燻之。以黃透爲度。燻時四周蘸以醬油白糖之混合汁。食之其味更覺鮮嫩異常。

第五節　燻鴿

材料

鴿一只。　陳黃酒四兩。　醬油四兩。　鹽一兩。　菜油四兩。　木屑一斤。　茴香末少許。

器具

鍋一只。　爐一只。　燻缸一只。　燻架一只。　大盆子一只。　刀一把。

製法

將鴿殺死。去其毛腸。入油鍋爆透。下以陳酒。再透加醬油食鹽。三透微下清水。熟卽盛起。置於熏架。燃火後。將熏架罩上。俟其黃透。蘸以醬蔴油食之。味鮮無比。

第六節　熏兎

材料
兎一只。　陳酒半斤。　醬油六兩。　食鹽二兩。　油六兩。　木屑二斤。
白糖蔴油茴香末少許。

器具
鍋一只。　爐一只。　刀一把。　大盆子數只。　熏架一只。　熏缸一只。

製法
將野兎去皮破肚。切碎洗淨後。將油鍋燒熱。倒下爆之。加些茴香末。爆透卽下以陳酒。醬油食鹽等。亦逐漸放入。微下清水。再燒數透。和以白糖。即可盛起。移上燻架。燃着木屑。上缸燻之。時時拭以醬蔴油白糖等之混合汁。見其已徧體黃透。即可供食。

第七節　燻羊肉

材料

羊肉一斤。　陳酒六兩。　食鹽四兩。　茴香末少許。　木屑一斤。

器具

鍋一只。　爐一只。　刀一把。　燻缸一只。　燻架一只。　盆子一只。

製法

將羊肉和淸水。入鍋燒之。透後。和以陳酒食鹽。燜爛後。撈起切碎。上架燻之。時時塗以醬蔴油茴香末等之混合汁。視其黃透。即可食矣。

第八節　燻腦

材料

腦五付。 陳黃酒四兩。 醬油二兩 葱薑少許。 木屑半斤。

器具 鍋一只。 爐一只。 燻缸一只。 燻架一只。 盆子一只。

製法

將腦子用柴心。捲去紅筋。漂以清水。然後同陳酒醬油葱薑等入鍋蒸熟。再上燻架。引火燻之。時時塗以蔴油。食時更覺出色。

第九節 燻腰

材料 腰子五只。 陳黃酒四兩。 醬油二兩。 花椒葱蔴油茴香末少許。

木屑半斤。

器具 燻缸一只。 燻架一只。 刀一把。 盆一只。 碗一只。

製法

將腰子撕去薄衣。用刀切開。七去白筋。翻轉橫切細紋。然後豎切成片片。入酒內漂清。再入花椒水浸之。用沸水泡之。撈起。入燻架引火燻之。頃刻卽成。

注意

腰片不可多燻。以防枯老。食之乏味。

第十節　燻蹄

材料

蹄胖一斤。陳黃酒四兩。食鹽二兩。醬油三兩。木屑半斤。茴香末少許。

器具

鍋一只。爐一只。刀一把。燻缸一只。燻架一只。盆子一只。

製法

將蹄肸切成塊段。去其大骨。另以肉嵌足。紮好。入鍋煮之。先下以酒再下以鹽。候熟鏟起。攤開在熏架上。燃火熏之。俟黃翻身。四面遍塗以白糖蔴油之混合汁。然後蘸以醬蔴油食之。其味無窮。

第十一節　熏肉餃

材料

蛋十枚。　肉半斤。　黃酒二兩。　醬油一兩。　葱薑蔴油少許。　木屑半斤。

器具

鍋一只。　爐一只。　刀一把。　匙一把。　熏缸一只。　熏架一只。　盆子一只。

製法

將肉斬爛後。再將蛋打和。用匙匙入油鍋中。以肉置於其中。合成一餃。燒熟鏟起。然後上架燻之。俟其黃透。即可供食。

第十二節　燻蝦

材料　水晶蝦四兩。　黃酒半兩。　菜油四兩。　醬油二兩。　蔴油茴香末少許。　木屑半斤。

器具　鍋一只。　爐一只。　剪刀一把。　燻缸一只。　燻架一只。　盆子一只。

製法　將蝦去鬚脚洗淨。用鹽酒淆之。再入油鍋內炒之。加以醬油。霎時。鏟起。偏塗蔴油茴香末。上架燻之。少時。即可食矣。

第十三節　燻旁鮍魚

材料 旁鮍一斤。 醬油四兩。 食鹽一兩。 陳黃酒四兩。 木屑一斤。 葱薑蔴油少許。

器具 鍋一只。 爐一只。 燻缸一只。 燻架一只。 盆子一只。

製法 將旁鮍魚揀好。漂洗潔淨。同鹽及醬油黃酒葱薑等。淯浸於盆中。越一小時。即傾入熱油鍋中爆之。待透熟。即撈起。攤開於燻架上。以火燃木屑。移上燻之。時翻其身。再塗以醬蔴油。使不枯焦。燻就。即可食矣。

第十四節 燻鯽魚

材料 鯽魚一斤。 陳黃酒三兩。 木屑半斤。 葱薑茴香末少許。

器具

鍋一只。爐一只。刀一把。燻缸一只。燻架一只。盆子一只。

製法

將鯽魚刮去鱗雜。洗以清水。洧浸在醬油葱薑陳黃酒等之盆中。然後將油鍋燒熱。以鯽魚倒入爆透。攤上燻架。燃火燻之。燻之時時塗以蔴油醬油。以防枯焦。俟黃。翻轉其身。再燻之。未幾。卽可食矣。

第十五節　燻塘裏魚

材料

塘裏魚一斤。醬油四兩。食鹽一兩。陳黃酒四兩。木屑一斤。葱薑少許。

器具

鍋一只。爐一只。刀一把。燻缸一只。燻架一只。盆子一只。

製法

將塘裏魚洗淨。用刀破開背心。去其肚雜。然後倒入熱油鍋中爆之。爆透之後。攤上燻架。燃火燒着木屑。移架燻之。塗以醬蔴油之混合汁。使他發黃。食時。蘸以醬蔴油。味之香美。能常留齒頰間耳。

第十六節　燻腐衣包牛肉

材料

牛肉半斤。　腐衣二十方。　醬油二兩。　醋鹽薑末葱屑各少許。　木屑一斤。

器具

鍋一只。　爐一只。　燻缸一只。　燻架一只。　大洋盆一只。

製法

將牛肉用刀切碎。斬成肉醬。盛於碗中。加醬油食鹽醋薑葱等。拌和之。

約隔一小時。以腐衣包成二十卷。微下清水。置於飯鍋上蒸熟。然後燻之。其味甚佳。

注意 若用水入鍋中煮熟後燻之。味便不鮮。

第十七節 燻筍

材料 筍一斤。 醬油二兩。 蔴油白糖少許。 木屑半斤。

器具 鍋一只。 爐一只。 刀一把。 盆子一只。 燻缸一只。 燻架一只。

製法 將筍剝去其殼。用刀破開。置於盆中。移上飯鍋。蒸之極熟。攤入燻架。引火燻之。時時拭以白糖蔴油醬之混合汁。燻就食之。味甚鮮美也。

注意

以上種種。皆用木屑燻成。若換以砂糖茴香末甘草末葱薑等拌和之後。攤入鍋底。將燻物亦放鍋中架上。下面燃以柴火燻之。其法亦佳。吾人亦可做行之。蓋晚近最新發明之燻法也。

第八章　糖貨

第一節　扇子糖

材料

玉盆一斤。　桂花少許。　蘇木少許。（藥店內有售）

器具

糖鍋一只。　炭爐一只。　刀一把。　槳一把。　細竹梗若干根。

製法

將白糖和淸水桂花蘇木水等入糖鍋。置於炭爐上煎之。時時攪以竹槳。俟其凝結濃厚。卽可攤於油布上。俟其稍冷。用刀切成小塊。以竹梗嵌入。用手捺扁。成扇子狀。卽成。按鄉間小販有售。城市則無。

第二節　糖桃球

材料　胡桃一斤。　玉盆一斤。　桂花一兩。

器具　糖鍋一只。　炭爐一只。　槳一把。　瓶一個。

製法　將胡桃去殼。用熱水泡之。去其薄皮。然後倒入糖鍋中煎之。以槳攪和。未幾。再加桂花。用槳再調。使糖徧塗着桃球。見其已成塊狀。攤入油布上。待冷。收藏瓶中。食之。鬆脆異常。

注意

常食補腦。

第三節　糖山楂

材料

紅菓二斤。　玉盆二斤。　桂花二兩。

器具

糖鍋一只。　炭爐一只。　竹槳一把。　瓶一個。

製法

將紅菓洗淨後。入白糖桂花清水之鍋中。燃火生着炭爐。移上煎之。用槳攪和。見糖凝結。成牽絲狀。卽收藏瓶中。味甚酸甜可口也。

第四節　糖梨

材料

梨三只。　文冰三兩。　桂花半兩。

器具

鍋一只。　爐一只。　碗一只。

製法

將梨削去其皮。置於碗中。以冰糖桂花倒入。上封以紙。入飯鍋蒸之三次之後。即可食矣。味甚甜香。

注意

功能止咳。

第五節　橘紅糕

材料

橘子五只。　玉盆半斤。　白粉一升。　桂花一兩。　蘇木少許（藥店內有售）

器具

鍋一只。　爐一只。　蒸架一只。　刀一把。

製法　將橘子榨取其汁。和白糖蘇木水桂花等。拌入粉中。入鍋蒸之。透即取起。然後搓成長條。用刀切成鈕子狀。拌入白糖粉等。使他個個分離。不致牽連。即可食矣。

第六節　棗泥糕

材料　烏棗一斤。　玉盆一斤。　桂花一兩。　粉一碗。

器具　糖鍋一只。　炭爐一只。　桨一把。　碗數只。

製法　將烏棗去核。煎爛。和入白糖桂花。入糖鍋煎之。俟其濃厚。傾入白粉少許。盛入碗中。卽可成棗糕矣。

第七節　蜜橘糕

材料　橘子十只。玉盆一斤。桂花葷油各一兩。蛋四個。

器具　糖鍋一只。炭爐一只。碗數只。槳一把。

製法　將橘子去其皮核。同白糖桂花蛋葷油等入鍋內煎之。用槳時時調和。再煎數透。待糖牽絲。盛入碗中。上火烘之。待乾卽成。

第八節　蜜橙餅

材料　香橙二斤。玉盆糖二斤。桂花二兩。粉半碗。

器具

糖鍋一只。　炭爐一只。　大盆一只。　槳一把。

製法

將香橙洗淨。用器打爛。榨取其汁。同白糖入鍋煎之。以槳攪和。然後加入桂花。未幾加入白粉。見其凝結濃厚。鏟於盆中。候冷切小塊食之異常可口。

第九節　杏仁糖

材料

杏仁半斤。　玉盆糖一斤。　桂花少許。

器具

鍋一只。　爐一只。　槳一把。　瓶一個。

製法

將杏仁用沸水泡之。剝去其皮。然後將炭爐生着。倒入糖鍋中煎之。煎透。加以桂花。待其均勻。包着糖中。取起待冷。卽可供食。

注意

常食。亦能止咳。

第十節　柿餅

材料

同盆柿十只。　玉盆半斤。　山芋粉若干。

器具

甕一只。　蓋一個。

製法

將柿子洗淨。去皮。壓扁。去子。日曬夜露。及其既乾。然後同白糖山芋粉。納入甕中。月餘取出。再曬數次。仍納甕中。待其已生白霜。卽可取出。供食。味甚甜美也。

第十一節　蜜葡萄

材料　葡萄一斤。玉盆一斤。桂花一兩。

器具　糖鍋一只。炭爐一只。槳一把。瓶一個。

製法　將葡萄去柄洗淨。然後將白糖桂花清水等入鍋燒透。以葡萄倒入。用槳調和。見其凝結時。乃盛起。拌以白糖桂花等。裝入瓶中。封緊其口。食之鮮甜無比。

第十二節　香蕉糖

材料

玉盆糖一斤。　香焦精三滴。（西藥房內有售）

器具

鍋一只。　爐一只。　槳一把。　模型一個。　刀一把。

製法

將玉盆和清水。入鍋煎之。不時以槳攪之。俟其牽絲。滴入香焦精。便可倒於油布上。待其稍冷。切成小塊。入模型刻成扁圓形。味較市售者尤佳。

第十三節　蜜木瓜

材料

木瓜二枚。　玉盆六兩。　桂花少許。

器具

糖鍋一只。　炭爐一只。　槳一把。　刀一把。　瓶一個。

製法

將木瓜用刀切開去子。入鍋煮透。和白糖桂花入糖鍋中煎之。用槳攪和。見其牽絲。即可裝入瓶中。日久可食。

第十四節　糖蜜橘

材料

橘子十只。　玉盆一斤。　桂花一兩。

器具

糖鍋一只。　炭爐一只。　刀一把。　瓶一個。　槳一把。

製法

將橘子用刀。豎劃刀痕。去其子筋。入沸水內用礬洗後撈起。然後將糖和水及桂花。入鍋燒之。用槳攪之。見其凝結時。盛起。拌以白糖。裝入瓶內。緊封其口。即可應用矣。

第十五節　蜜棗

材料

白蒲棗一斤。　玉盆一斤。　桂花一兩。

器具

糖鍋一只。　炭爐一只。　槳一把。　針一只。　瓶一個。

製法

將棗子用針劃成細紋。入鍋燒爛。拆去其核。然後將炭爐生着。入糖鍋。和白糖清水桂花等煎之。用槳時時調和。見其糖將牽絲。卽可裝入瓶中。再摻白糖。封口。隨時用食。與市售者無異。

第十六節　糖蓮子

材料

蓮子二斤。　玉盆二斤。　桂花二兩。

器具
糖鍋一只。炭爐一只。槳一把。火柴若干根。瓶一個。

製法
將蓮子用沸水浸透。以手去皮。以火柴去心。然後倒入白糖桂花清水等之糖鍋內煎之。糖至牽絲時。卽可盛起。一併藏於瓶中。其味更甜。

注意
用火柴觸去其心時。須留意。毋使燐質黏於蓮心上。以致受害。可用他物代之亦佳。因火柴雖易出心。然亦易折斷而多費也。

第十七節　蜜冬瓜

材料
冬瓜一斤。玉盆一斤。桂花一兩。

器具

糖鍋一只。　炭爐一只。　槳一把。　刀一把。瓶一個。

製法

將冬瓜洗淨。用刀切成薄片。入鍋煮之。然後將炭爐生着。以冬瓜和入白糖桂花等。入糖鍋內煎之。煎透起鍋。白糖同入瓶中。食之味亦良佳。

第十八節　洋薄荷糖

材料

玉盆一斤。　薄荷精三滴。（西藥房內有售）

器具

糖鍋一只。　炭爐一只。　刀一把。　槳一把。

製法

將玉盆和水一碗。入糖鍋煎之。煎透用槳攪之。以防燒焦。待其牽絲。以薄荷精滴入。霎時起鍋。俟其稍冷。用於搓成長條。再用刀切片。卽成。其味亦佳。

第十九節　桂圓糖

材料

玉盆糖一斤。　桂花一兩。

器具

鍋一只。　爐一只。　剪刀一把。　籩一只。

製法

將白糖和水一碗。入糖鍋煎之。下以桂花。見其牽絲。倒上油布。俟稍冷。用手搓成長條。用剪剪成細粒。再用籩篩圓之。形如桂圓。故名曰桂圓糖。

第二十節　砂糖

材料

糖蔗二十斤。　石灰一塊。　麵粉少許。

器具

鍋一只。　爐一只。　榨牀一只。　缸一只。

製法

將糖蔗用榨牀。榨取汁水。盛入缸中。然後入鍋中。燃火燒之。以鏟攪動。摻以石灰少許。再行攪之打去雜物。再攪。再下以石灰少許。未幾盛起。溜去沙質。仍入鍋燒之。如汁水不清。再加些石灰。俟其汁已清爽。凝結濃厚。加入麵粉後。盛起冷却。置於缸中。卽成砂糖矣。

注意

石灰以百分之一至百分之三爲度。

第二十一節　洋白糖

材料

砂糖五斤。　雞蛋三枚。　黏土若干。

器具

鍋一只。　爐一只。　溜缸一只。　缸一只。

製法

將砂糖和水。入鍋燒之。見其將要濃厚時。盛入溜缸內。溜去黃汁。然後將黏土倒入。覆於糖面。時隔三旬。漸漸變成白色。（如不清白再換黏土。）然後再入鍋燒之。以雞蛋打開溜白。加入攪之。糖中雜物。必黏着蛋白浮起。當即撈淨。俟其汁濃。盛起冷却。置於缸中。未幾。即成洋白糖矣。

第二十二節　文冰

材料

洋白糖五斤。　雞蛋五枚。

器具

鍋一只。 爐一只。 瓶一個。 竹片爿若干根。

製法

將白糖和清水。倒入鍋中。燃火燒透。加入蛋白。打去雜汁。見將凝結。裝入瓶中。層層夾以竹片爿。嚴封其口。不久卽成純潔之冰糖矣。

第二十三節 淨糖

材料

大麥一斗。 次粞壹石。

器具

泥灶一付。 甕缸二只。 竹籃若干只。 石磨一具。 缸二只。

製法

將大麥浸於清水之缸中。隔夜撈起。裝入籃中。懸於樹間。如冬日須暖。

夏日須陰。每日以清水澆之。如在冬日。須七日。在夏日。祇二日。則麥芽已長成約一寸餘矣。遂卽入磨牽之。然後將粞先浸一宵入鍋蒸熟。以牽細之麥芽拌和。裝入甕缸內。移上泥灶蒸之。越二小時。溜出薄漿。再入鍋煎成濃汁。卽成淨糖矣。

第二十四節　蜜糖

材料

玉蜀黍三十斤。　炭酸鈉若干。（西藥房內有售）

器具

鍋一只。　爐一只。　石臼一只。　杵一個。　刀一只。　榨牀一個。　缸一只。

製法

將玉蜀黍用刀刈取其莖。切去皮葉。鍘爲寸餘小段。置於臼中。用杵搗爛。用榨牀榨取其汁。然後入鍋煮之。不可停手攪拌。見其汁化粘稠。加以炭酸鈉。未幾。卽成美味之蜜糖矣。

注意

每汁一斗。須加炭酸鈉一安士。可分作四五次投入。以解除其臭氣。

第九章 酒

第一節 豉酒

材料

陳黃酒一斤。 豉荳四合。

器具

缸一只。 蓋一個。

製法

將陳黃酒。沈浸豉豆中。令其汁濃厚。月餘可飲。味甚醇釀也。

第二節 柏酒

材料
黃酒二斤。 柏葉若干。

器具
缸一只。 蓋一個。

製法
將黃酒盛入缸中。以柏葉洗淨。入酒浸之。一夜卽成。按本草云。柏葉可食。元旦以之浸酒。辟邪。吾家亦常倣行之。

第三節 艾酒

材料
黃酒二斤。 艾草若干。

器具

缸一只。 蓋一個。

製法

將艾草洗淨。然後和入黃酒內。入缸浸之。日久卽成。俗謂端午節服之。

功能辟邪。

第四節 雄黃酒

材料

燒酒一杯。 雄黃一撮。（藥店內有售）

器具

碗一只。

製法

將雄黃倒入燒酒內飲之。按吾鄉風俗。每逢端午節。無論男女老少。必服雄黃酒少許。以爲辟邪。小兒則多在額上書一王字。以辟邪神。實迷信也。

第五節　酒釀

材料

糯米二斗。　酒藥二丸。

器具

缸一只。　蓋一只。

製法

將糯米浸入水中。約一晝夜。撈起。在河裏淘淸。上甑蒸之。及已蒸透。然後以水淋之。再以原水再淋之。將飯倒入缸中。再將酒藥研細。拌入飯內。中挖一深潭。上面再以藥末摻上。然後關蓋。如在冬天。缸之四周。須加置稻草及礱糠。蓋上或置棉衣。以保其温度。隔至三朝。卽成甜酒釀矣。

第六節 高粱燒

材料
秫子一擔。 酒藥一斤。 淸水四擔桶。

器具
缸一只。 罎數只。 吊酒器全付。

製法
將秫子先浸一日。然後撈起。上甑蒸透。倒入麥棧。待其冷却。卽將酒藥研細。拌之極和。用蓋蓋之。俟其發熱。便入缸中。以冷水冲入拌和。以泥擋蓋。封好。時越一周。移入吊酒器內吊之。另儲以罎。盛滿封口。卽成高粱燒矣。按吾國產地。以洋河牛莊二處爲最良。

第七節 白玫瑰

材料

燒酒二斤。　白玫瑰花二十朵。　冰糖六兩。

器具

玻璃瓶一個。　火漆少許。

製法

將原鍋燒倒入白玫瑰花及冰糖之玻璃瓶中。用蓋緊閉。塗以火漆。一月可飲。味甚清香。

第八節　紅玫瑰

材料

燒酒二斤。　紅玫瑰花二十朵。　冰糖六兩。　蘇枋水少許。（藥店內有售）

器具

玻璃瓶一個。　火漆少許。

製法

將紅玫瑰花。摘淨枯葉。在火上烘乾。沈浸於燒酒中。同時加入冰糖。及蘇枋水少許。可使色澤稍紅。關蓋封口。偏塗火漆。以防洩氣。

第九節　金銀花酒

材料

燒酒一斤。　金銀花若干。　冰糖四兩。

器具

瓶一個。　火漆少許。

製法

將新鮮金銀花。（如無。藥店內有售。）揀淨晒乾。同冰糖置於瓶中。然後將燒酒傾入。用火漆。封瓶口。飲之清脾。

第十節　野薔薇酒

材料
燒酒三斤。　野薔薇花三十朶　冰糖半斤。
器具
大玻璃瓶一個。　火漆一塊。
製法
將野薔薇花晒乾後。置於玻璃瓶中。然後將冰糖燒酒倒入。滿則用火漆封口。日久可飲。其味芬芳。

第十一節　玉蘭花酒

材料
燒酒一斤。　玉蘭花八朶。　冰糖四兩。
器具
玻璃瓶一個。　火漆少許。

製法 將新鮮玉蘭花。摘下花瓣。用布揩淨。然後同冰糖。浸入燒酒中。日後飲之。其味甚佳。

第十二節　木瓜酒

材料 燒酒一斤。　木瓜二枚。　冰糖四兩。

器具 瓶一只。　火漆少許。

製法 將鮮木瓜同冰糖。浸入燒酒中。日久飲之。香氣頗佳。

第十三節　酸醋

材料

黃酒五斤。（或用敗酒亦佳）餈糰（或粽子）一塊。

器具

甏一只。 火夾一把。 瓶一個。

製法

將黃酒及餈糰儲於甏中。然後每逢燒飯時用火夾燒紅。速入甏內攪漫。每天三次。二旬卽就。儲藏瓶內。緊封其口。卽成佳醋。味與市上所售之鎮江醋相埒。

注意

酒中以餈糰或粽子加入。用火夾攪漫。能使汁味濃厚。此秘訣也。

第十章．菓

第一節　炒小花生

材料

小花生一斤。　石砂二斤。

器具

鍋一只。　爐一只。　鏟刀一把。

製法

將小花生同石砂倒入鍋中。引鏟鏟之。聞有爆發聲。再鏟片刻。即盛入竹籃中。篩去其砂。待冷。剝去其殼。食之香脆異常。不可多食。以三十結爲度。

注意

炒時不可過生。亦不可過熟。生則食之無味。過熱則易枯焦。宜留意。

第二節　糖荳瓣

材料

蠶荳一斤。　白糖一斤。　桂花少許。

器具

糖鍋一只。 炭爐一只。 槳一把。 瓶一個。

製法

將荳用水浸胖後。剝去其殼。分爲兩爿。然後將白糖和清水。入鍋煎透。以荳瓣倒入煎之。以槳時時攪動。加下桂花。見其凝結時。卽盛起。吹冷。藏入瓶中。隨時取食。

第三節 炒黃荳

材料

黃荳一斤。 食鹽四兩。 甘草末茴香末少許。

器具

鍋一只。 爐一只。 鏟刀一把。 海碗一只。

製法

將黃荳洗淨。入鍋同清水煮之。再加入食鹽甘草末茴香末等。再燒數透。待其水乾。即可鏟起。食之其味尙佳。

第四節　爆荳

材料

蠶荳半升。

器具

脚爐一個。　鐵筷一雙。　盆子一只。

製法

將蠶荳洗淨吹乾。然後入脚爐內。舖開於火爐上爆之。見其將爆發時。用鐵筷取起。盛於盆中。即可食矣。

第五節　鹽酥荳

材料

蠶荳一斤。　食鹽二兩。

器具

鍋一只。　爐一只。　鏟刀一把。

製法

將蠶荳入清水浸之。明日撈起吹乾。然後以食鹽入鍋。先炒片刻。再將蠶荳倒入炒之。俟其酥鬆。卽可鏟起食之。其味酥鹹可口。

第六節　毛荳乾

材料

毛荳莢一斤。　食鹽四兩。

器具

鍋一只。　爐一只。　欏一個。　蓋一個。　竹籃一只。

製法

將新鮮毛荳莢摘下洗淨。同清水食鹽入鍋煮之。燒透以後。撈起瀝乾。然後再加些食鹽。醃於罎中。未幾。取出風乾。食之味甚適口。小兒又喜食之。

第七節　汆桃球

材料

胡桃球二斤。　玉盆一斤。　菜油二斤。

器具

鍋一只。　爐一只。　鐵絲爪籬一把。　大碗一只。

製法

將胡桃去其皮。然後將油鍋燒熱。以胡桃肉倒入汆之極黃。不可過焦。用鐵絲爪籬撈起。瀝乾油質。拌入白糖。食之甚爲可口。功能補腦。

注意

胡桃剝皮甚難。若與麩皮同入鍋中炒之。其衣自脫。

第八節　燉烏棗

材料

烏棗一斤。　玉盆四兩。　桂圓肉參鬚葷油桂花各若干。

器具

鍋一只。　爐一只。　碗數只。

製法

將烏棗去核。以葷油嵌入。用桂圓肉參鬚玉盆桂花葷油等。同入碗內蒸之。如蒸飯鍋。十日可食。味尤良佳。宜於冬日食之。當不下補劑也。

注意

如欲將棗脫皮。可以燈草同煮之。則皮自能脫去。

第九節　桃乾

材料

熟桃子一斤。　食鹽二兩。　硫黃少許。

器具

熏架一具。　籩一只。　刀一把。　玻璃瓶一個。

製法

將紅熟桃子洗淨。用刀破開。去其內核。攤入籩中。晒乾後。以硫黃熏之。使白。再出晒之。見已乾透。徧撒以鹽水。再行晒乾。然後裝入瓶中。緊封其口。以防濕氣浸入。即成桃乾矣。

注意

在晒的時候。不可經着雨露。

第十節　杏乾

材料

杏子一斤。　灰汁少許。

器具

鍋一只。　爐一只。　針一只。　籃一只。　玻璃瓶一個。

製法

將杏子洗淨去核。然後以清水同灰汁。先入鍋燒透。次以杏子投入。約燒至四五分鐘。卽行撈起。用針一一刺以無數之細孔。然後陽乾。俟其已乾。裝入瓶中。卽可食矣。

第十一節　甜柹

材料

生同盆柹十只。　酒精少許。

器具

棉布一塊。

製法

將色青之柿子。噴以酒精少許。置於棉布中。隔夜取出。柿子卽熟。其味甜美可口。

注意

如浸石灰汁中亦可。

第十二節　燒筍荳

材料

黃荳一斤。　嫩筍一斤。　醬油四兩。　鹽糖少許。

器具

鍋一只。　爐一只。　刀一把。　籃一只。

製法

將黃荳浸入淸水中。隔宿取出。再以筍剝去其殼。用刀切成小塊。大小與黃荳等同入鍋內煮熟。然後以醬油食鹽白糖加入。用文火煮之。見其汁水已乾。卽可盛入籩中晒乾。食之其味甚佳。

第十三節　敲扁荳

材料　蠶荳一升。　菜油二兩。　白糖桂花少許。

器具　鍋一只。　爐一只。　鐵錘一個。

製法　將蠶荳在清水中先浸一宵。撈起剝去其皮。然後用鐵錘打扁。入油鍋中煎之。十分鐘取出。和以白糖桂花。食之其味頗鬆爽也。

第十四節　炒桃仁

材料

桃仁一斤。飛鹽二兩。

器具

鍋一只。爐一只。鏟刀一把。瓶一個。

製法

將桃仁入鍋炒之。用手炒攪。不可稍停。俟其已黃而熟。加入飛鹽。使桃仁徧塗如白霜狀。卽可盛入瓶中。封固候用。

注意

宜於產婦食之。功能去瘀生新。

第十五節　燒茄荳

材料

黃荳一升。茄子五只。陳黃酒二兩。醬油四兩。白糖少許。

器具

鍋一只。爐一只。刀一把。罎一只。瓶一個。

製法

將黃荳先浸一宵。再將茄子洗淨。用刀切成薄片。一同置於鍋中煮之。片時。下以黃酒醬油白糖等。再煮之。見其已熟。攤入罎中。晒之使乾。裝入瓶中。隨時取食。其味甚爲鮮潔也。

家庭食譜續編終

書名：家庭食譜續編
系列：心一堂・飲食文化經典文庫
原著：【民國】時希聖
主編・責任編輯：陳劍聰

出版：心一堂有限公司
通訊地址：香港九龍旺角彌敦道六一〇號荷李活商業中心十八樓〇五一〇六室
深港讀者服務中心：中國深圳市羅湖區立新路六號羅湖商業大厦負一層〇〇八室
電話號碼：(852) 67150840
網址：publish.sunyata.cc
淘宝店地址：https://shop210782774.taobao.com
微店地址：https://weidian.com/s/1212826297
臉書：https://www.facebook.com/sunyatabook
讀者論壇：http://bbs.sunyata.cc

香港發行：香港聯合書刊物流有限公司
地址：香港新界大埔汀麗路36號中華商務印刷大廈3樓
電話號碼：(852) 2150-2100
傳真號碼：(852) 2407-3062
電郵：info@suplogistics.com.hk

台灣發行：秀威資訊科技股份有限公司
地址：台灣台北市內湖區瑞光路七十六巷六十五號一樓
電話號碼：+886-2-2796-3638
傳真號碼：+886-2-2796-1377
網絡書店：www.bodbooks.com.tw
心一堂台灣國家書店讀者服務中心：
地址：台灣台北市中山區松江路二〇九號1樓
電話號碼：+886-2-2518-0207
傳真號碼：+886-2-2518-0778
網址：http://www.govbooks.com.tw

中國大陸發行　零售：深圳心一堂文化傳播有限公司
深圳地址：深圳市羅湖區立新路六號羅湖商業大厦負一層008室
電話號碼：(86)0755-82224934

版次：二零一五年一月初版，平裝

定價：港幣　八十元正
人民幣　八十元正
新台幣　三百一十元正

國際書號 ISBN 978-988-8316-02-1

心一堂微店二維碼

心一堂淘寶店二維碼